工业和信息化人才培养规划教材

**Industry And Information Technology Training Planning Materials**

**T**echnical **A**nd **V**ocational **E**ducation

高职高专计算机系列

# Flash CS5 中文版
# 动画制作基础（第2版）

## Flash CS5 Animation Basis

李如超 耿飞 ◎ 主编

马妮 袁鑫 芮敏娟 ◎ 副主编

人民邮电出版社

北京

**图书在版编目（CIP）数据**

Flash CS5中文版动画制作基础 / 李如超，耿飞主编
. -- 2版. -- 北京：人民邮电出版社，2013.4（2016.6重印）
工业和信息化人才培养规划教材. 高职高专计算机系
列
ISBN 978-7-115-30862-7

Ⅰ. ①F… Ⅱ. ①李… ②耿… Ⅲ. ①动画制作软件—
高等职业教育—教材 Ⅳ. ①TP391.41

中国版本图书馆CIP数据核字（2013）第021074号

## 内 容 提 要

　　本书全面介绍 Flash CS5 的基本操作方法和动画设计技巧，内容包括 Flash CS5 动画制作基础、制作和获取动画素材、制作逐帧动画、制作补间形状动画、制作传统补间动画、制作补间动画、制作引导层动画、制作遮罩层动画、ActionScript 3.0 编程基础、组件及其应用等。在每一章中都通过难度循序渐进的典型实例引导学生学习各项基础知识，并适当总结学习中需要注意的基本技巧。

　　本书可作为高等职业院校计算机相关专业动画制作类课程的教材，也可以作为广大动画设计爱好者的学习参考书。

工业和信息化人才培养规划教材——高职高专计算机系列

**Flash CS5 中文版动画制作基础（第 2 版）**

◆ 主　　编　李如超　耿　飞
　　副 主 编　马　妮　袁　鑫　芮敏娟
　　责任编辑　桑　珊

◆ 人民邮电出版社出版发行　　北京市丰台区成寿寺路 11 号
　　邮编　100164　电子邮件　315@ptpress.com.cn
　　网址　http://www.ptpress.com.cn
　　北京鑫正大印刷有限公司印刷

◆ 开本：787×1092　1/16
　　印张：17.25　　　　　　　2013 年 4 月第 2 版
　　字数：444 千字　　　　　2016 年 6 月北京第 5 次印刷

ISBN 978-7-115-30862-7

定价：36.00 元

读者服务热线：**(010) 81055256**　印装质量热线：**(010) 81055316**
反盗版热线：**(010) 81055315**

# 第 2 版前言

　　Flash 是目前应用最广泛的交互式矢量动画制作软件，其生成的动画文件质量高、显示清晰，被广泛应用于网站设计、广告、视听、计算机辅助教学等领域。目前，我国很多高等职业院校的计算机相关专业，都将"动画设计"作为一门重要的专业课程。为了帮助高职高专院校的教师全面、系统地讲授这门课程，使学生能够熟练地使用 Flash 软件制作动画，我们编写了本书。

　　本书自 2009 年 5 月首次出版以来，受到了广大读者的欢迎。本次改版将软件版本从 Flash CS3 提升至 Flash CS5，并优化了章节设置，更新了全部案例。

　　本书主要介绍使用 Flash CS5 中文版制作二维动画的一般方法和技巧。全书由浅入深、循序渐进地介绍动画制作的基本知识，条理清晰，结构完整。在内容安排上，本书以基本操作为主线，通过一组精心设计的趣味实例介绍各类动画制作方法的具体应用。学生在学习过程中既可以模拟操作。也可以在此基础上举一反三。

　　为方便教师教学，本书配备了内容丰富的教学资源包，包括素材、所有案例的效果演示、PPT 电子教案、习题答案、教学大纲和两套模拟试题及答案。任课老师可登录人民邮电出版社教学服务与资源网（www.ptpedu.com.cn）免费下载使用。

　　本课程的教学时数为 72 学时，各章的教学课时可参考下面的课时分配表。

| 章　节 | 课程内容 | 课时分配 | |
| --- | --- | --- | --- |
| | | 讲　授 | 实践训练 |
| 第 1 章 | Flash CS5 动画制作基础 | 2 | 2 |
| 第 2 章 | 制作和获取动画素材 | 4 | 4 |
| 第 3 章 | 制作逐帧动画 | 4 | 4 |
| 第 4 章 | 制作补间形状动画 | 2 | 4 |
| 第 5 章 | 制作传统补间动画 | 2 | 4 |
| 第 6 章 | 制作补间动画 | 4 | 4 |
| 第 7 章 | 制作引导层动画 | 4 | 4 |
| 第 8 章 | 制作遮罩层动画 | 4 | 4 |
| 第 9 章 | ActionScript 3.0 编程基础 | 4 | 4 |
| 第 10 章 | 组件及其应用 | 4 | 4 |
| 课　时　总　计 | | 34 | 38 |

　　本书由李如超、耿飞任主编，马妮、袁鑫、芮敏娟任副主编，参加编写工作的还有沈精虎、黄业清、宋一兵、谭雪松、向先波、冯辉、计晓明、滕玲、董彩霞、管振起等。

　　由于作者水平有限，书中难免存在疏漏之处，敬请广大读者批评指正。

编　者

2012 年 12 月

# 《Flash CS5 中文版动画制作基础（第 2 版）》教学辅助资源

| 素材类型 | 名称或数量 | 素材类型 | 名称或数量 |
|---|---|---|---|
| 教学大纲 | 1 套 | 电子教案 | 10 单元 |
| PPT 课件 | 10 个 | 课后答案 | 10 单元 |
| 第 1 章<br>Flash CS5 动画<br>制作基础 | 制作"梦幻花境" | 第 6 章<br>制作补间动画 | 制作"尊贵跑车" |
| 第 2 章<br>制作和获取动画<br>素材 | 绘制"盆中风景" | | 制作"我的魔兽相册" |
| | 绘制"五彩枫叶" | | 制作"爱会发酵" |
| | 制作"户外广告" | | 制作"喜怒人生" |
| 第 3 章<br>制作逐帧动画 | 制作"动态影集" | 第 7 章<br>制作引导层动画 | 制作"巧克力情" |
| | 制作"动态 QQ 表情" | | 制作"鱼戏荷间" |
| | 制作"野外篝火" | | 制作"鹊桥相会" |
| | 制作"浪漫出游" | 第 8 章<br>制作遮罩层动画 | 制作"云彩文字" |
| | 制作"神秘舞者" | | 制作"塔桥下的湖面" |
| | 制作"跳楼促销" | | 制作"星球旋转" |
| 第 4 章<br>制作补间形状<br>动画 | 制作"LOGO 设计" | | 制作"影集切换效果" |
| | 制作"美丽的宇宙" | 第 9 章<br>ActionScript 3.0<br>编程基础 | 制作"溢彩 MP4" |
| | 制作"动物大变身" | | 制作"鼠标跟随效果" |
| | 制作"旋转的三棱锥" | | 制作"时尚时钟" |
| | 制作"滋养大地" | | 制作"旋转三维地球" |
| 第 5 章<br>制作传统补间<br>动画 | 制作"庆祝生日快乐" | | 制作"颜色填充游戏" |
| | 制作"美丽神话" | 第 10 章<br>组件及其应用 | 制作"美女调查表" |
| | 制作"黑超门神" | | 制作"带字幕的视频播放器" |
| | | | 制作"视频点播系统" |

# 目 录

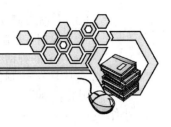

# 第1章

## Flash CS5 动画制作基础

随着个人计算机和网络的普及，打开计算机随处可看到各种各样的动画，即便是复制文件或移动文件这样的操作，都有一个简单的动画展示；网上浏览更是进入到动画的海洋，例如网站的动态片头、动态标志、动画广告等。打开电视机也是随处可见各种动画，例如电视节目的片头、动画片、电影特效等，这些都是计算机动画的应用实例。

【教学目标】
- 了解动画的起源与发展。
- 掌握动画的制作原则。
- 了解 Flash 的发展历史。
- 了解 Flash CS5 的工作界面。
- 掌握 Flash 动画制作流程。

## 1.1　动画设计综述

中国有句俗语是"外行看热闹，内行看门道"，也就是说很多事物，如果不理解它的原理，就只能看出点皮毛，但如果懂得其原理，就能看出其中的门道。动画的制作也是如此。所以在进行 Flash 动画的制作讲解之前，首先来讲解动画的定义、发展及原理。

### 1.1.1　动画的起源与发展

人类渴望用动态的画面来记录动作、表达思想的欲望可以追溯到什么时候呢？动画的定义到底是什么呢？第一部动画是什么时候问世的呢？这些问题都将在下面一一揭晓。

1．动画的定义

动画是一个范围很广的概念，通常是指连续变化的帧在时间轴上播放，从而使人产生运动错觉的一种艺术。图 1-1 所示为一组连续变化的图片，只要将其放到连续的帧上以一定的速度连续播放，就可以形成一个人物打斗的视觉效果，这便是动画最简明的诠释。

图 1-1　动画的原理

### 2. 动画的起源

自从有文明以来，人类就一直试着透过各种形式的图像记录来表现物体的动作。

（1）动画的萌芽。

在西班牙北部山区的阿尔塔米拉洞穴（隶属于旧石器时代）的壁画上画着一头奔跑的 8 条腿的野猪（如图 1-2（a）所示）就是早期人类捕捉动画的尝试；在我国青海马家窑发现的距今四五千年前的舞蹈纹彩陶盆上所描绘的手拉手舞蹈形象（如图 1-2（b）所示），可能是我国祖先试图表现人物连续运动最朴素的方式。

再后来的达芬奇的人体比例图中的四手四脚，如图 1-2（c）所示，也反映了画家表现四肢运动的欲望。

(a) 8 条腿的野猪　　　　　　　　(b) 舞蹈纹彩陶盆　　　　　　　　(c) 人体比例图

图 1-2　动画的欲望

（2）动画的雏形。

1824 年彼得·罗杰特出版了一本谈眼球构造的小书《移动物体的视觉暂留现象》，其中提到了形象刺激在初显后，能在视网膜上停留短暂的时间（1/16s）。这一理论的问世，激发了动画雏形的快速发展。

1832 年由约瑟夫·柏拉图发明的"幻透镜"，如图 1-3（a）所示，1834 年乔治·霍纳发明的"西洋镜"，如图 1-3（b）所示，都是动画的雏形。它们都是通过观察窗来展示旋转的顺序图画，从而形成动态画面。

(a) 幻透镜

(b) 西洋镜

图 1-3　动画的雏形

（3）第一部动画片。

随着科技的发展，具有现代意义的动画片逐步出现。在电影发明之后，1906 年，美国人小斯图亚特·布雷克顿制作出第一部接近现代动画概念的影片，名叫《滑稽面孔的幽默形象》，如图 1-4 所示。该片长度为 3min，采用了每秒 20 帧的技术拍摄。

小斯图亚特·布雷克顿

滑稽面孔的幽默形象

图 1-4　第一部动画片及其作者

### 3. 动画的发展

20 世纪 20 年代末，迪斯尼公司迅速崛起，采用传统动画技术制作出大量高质量动画。

（1）传统动画发展。

迪斯尼公司在 1928 年推出的《汽船威利》是第一部音画同步的有声动画，如图 1-5 所示。而 1937 年制作的《白雪公主》，如图 1-6 所示，则是第一部彩色长篇剧情动画片。之后该公司又相继推出了《木偶奇遇记》、《幻想曲》等优秀长片动画。

图 1-5　《汽船威利》

图 1-6　《白雪公主》

第二次世界大战之后，日本动画开始快速发展。其中对后世影响深远的有第一部彩色动画电影《白蛇传》，还有后来的传世之作如《铁臂阿童木》、《森林大帝》等，如图 1-7 所示。这些优秀动画都为世界动画的发展起到积极的促进作用。

《白蛇传》

《铁臂阿童木》

《森林大帝》

图 1-7　日本动画

（2）中国动画的发展。

中国动画在近代也有较大的发展。1926 年，万氏兄弟摄制完成了中国第一部动画片《大闹画室》。1941 年，万氏兄弟又摄制了亚洲的第一部动画长片《铁扇公主》，如图 1-8 所示，片长 80min，将中国动画艺术载入世界电影史册。

图 1-8　《铁扇公主》

中国动画片因为它独到的民族特色而屹立于世界动画之林，散发着独特的艺术魅力。1979 年中国第一部彩色宽银幕动画长片《哪吒闹海》问世，这部被誉为"色彩鲜艳、风格雅致、想象丰富"的作品，深受国内外好评，民族风格在它的身上得到了很好的延续，如图 1-9 所示。动画片《三个和尚》继承了传统的艺术形式，又吸收了国外现代的表现手法，在发展民族风格中做了一次新的尝试，如图 1-10 所示。

图 1-9　《哪吒闹海》

图 1-10　《三个和尚》

（3）计算机动画的发展。

从 20 世纪 80 年代开始，计算机图形技术开始用于电影制作，到了 20 世纪 90 年代，计算机动画特效开始大量用于真人电影，比较著名的有《魔鬼终结者》、《侏罗纪公园》、《泰坦尼克号》

以及《魔戒》等，如图 1-11 所示。这些影片不仅在电影市场上取得了巨大成功，也反映了计算机动画的发展。

《魔鬼终结者》

《侏罗纪公园》

《泰坦尼克号》

《阿凡达》

图 1-11　动画影视作品经典

## 1.1.2　动画设计原则

要制作出一流的动画效果，掌握动画原理是非常必要的，下面介绍动画制作的 12 条基础原则。

### 1．时序原则

时序是指在动画制作过程中，时间的分配要能够真实反应对象（物体或人物）的情况。例如人物眨眼很快可能表示角色比较警觉和清醒，如果眨眼很慢则可能表示该人物比较疲倦和无聊。从另外一个角度来说，时序的安排与物理定律有关，如图 1-12 所示。

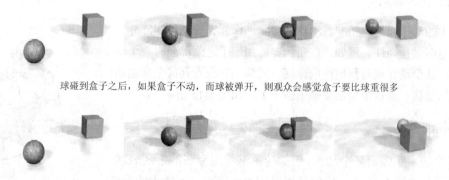

球碰到盒子之后，如果盒子不动，而球被弹开，则观众会感觉盒子要比球重很多

如果球把盒子碰开了，则观众就会感觉球比盒子重很多

图 1-12　时序性原则

## 2. 慢入和慢出原则

慢入和慢出是指对象动作的加速和减速效果。增添加速和减速效果之后，可以使对象的运动更加符合自然规律，因此该原则应该应用到绝大多数的动作中去，如图 1-13 所示。

图 1-13　慢入和慢出原则

## 3. 弧形动作原则

在现实中，几乎所有事物都是沿着一条略带圆弧的轨道在运动，尤其是生物的运动。在制作角色动画时，角色的运动轨迹也应该是一条比较自然的曲线，如图 1-14 所示。

图 1-14　人物行走时的弧形动作

## 4. 预期性原则

动画中的动作通常包括准备动作、实际动作和完成动作 3 部分，第一部分也叫做预期性。例如，在角色要使用锤子之前都会有一个举起的动作，这个动作就是预期性的体现。因为当观众看到这个预期动作时，就知道接下来这个角色要砸下锤子了，如图 1-15 所示。

## 5. 夸张原则

夸张手法用于强调某个动作，例如动画常常用夸张的手法表现角色的情绪，如图 1-16 所示。但使用时应小心谨慎，不能太随意，否则会适得其反，如图 1-17 所示。

图 1-15　唐老鸭的预期性

图 1-16　使用夸张表现愤怒的动画角色

图 1-17　过度使用夸张的动画角色

## 6．挤压和伸展原则

挤压和伸展是通过对象的变形来表现对象的硬度。例如，柔软的橡胶球落地时通常就会稍微的压扁，这就是挤压的原则。而当它向上弹起时，又会朝着运动的方向伸展，这就是伸展原则。即使是坚硬的对象也可以应用挤压和伸展的原则，如图 1-18 所示，这种弯曲本质上也是挤压和伸展的应用。

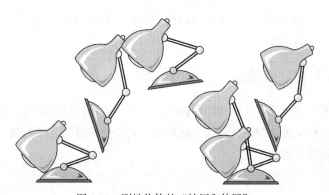

图 1-18　刚性物体的"挤压和伸展"

## 7．辅助动作原则

辅助动作为动画增添乐趣和真实性。如图 1-19 所示，一个角色坐在转动头部时，观众的注意力一般会集中在主要动作上（转动头部），而触须的动作就是辅助动作，可以增强动画的真实感和自然感。

7

图 1-19　辅助动作

### 8. 完成动作和重叠动作原则

完成动作与预期性类似，不同之处在于它是发生在动作结束时。制作完成动作的动画时，一般是对象运动到原来位置后续运动一小段距离，然后恢复到原来位置。

如图 1-20 所示，投掷标枪时，角色需要先将手臂后移，这是预期性，然后是投掷的主要动作，当标枪投掷出去后，手臂仍然要向前运动一段距离，然后才恢复到静止时的位置，这便是完成动作的体现。

预期性　　　　　　　　　　　　　　　　　　　　　　　　　　　　　　　　　完成动作

图 1-20　投掷标枪的完成动作

重叠动作是由于一个动作发生而发生的动作。例如，奔跑中的狗突然停下，那么它的耳朵可能还会继续向前稍微运动一点。

### 9. 逐帧动画和关键帧动画

逐帧动画和关键帧动画是创建动画的两种基本方法。逐帧动画是动画制作者按顺序一帧一帧地进行绘制；关键帧动画是先绘制关键帧上的对象，再绘制关键帧之间的帧。关键帧动画有助于精确定时和事先规划整个动画。

### 10. 布局原则

布局是以容易理解的方式展示动画或对象。一般情况下，动作的表现是一次只表现一个动作。如果太多的动作同时出现，观众就无法确定到底应该看什么，从而影响动画的效果。如图 1-21 所示，左图中的动作无法通过轮廓图解读，因此是失败的；而右图中的动作可以清楚地通过轮廓图解读，因此是成功的。

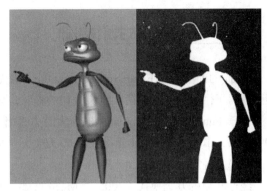

图 1-21　使用"轮廓图"解读动作

在布局时还要注意确保协调和抓住观众的注意力。例如，一个悲伤的角色脸上露出灿烂的笑容就显得很不协调。另外，如果整个场景的布局完全对称，也会造成机械无趣的感觉。对于布局中的多个角色或对象，次要角色或对象的动作应该是可以感知的，但不应该吸引过多的观众注意力。

### 11. 吸引力原则

吸引力是指任何观众愿意观看的东西。比如说，个人魅力、独到设计或突出个性等。吸引力是通过正确应用其他原则获得的，比如使用夸张手法、避免对称（图 1-22 左图中的米老鼠身体的各部分都是对称的，因此显得僵化，而中图和右图中的形象使用了非对称的原则，因此更加活泼自然）、使用重叠动作等。

图 1-22　避免完全对称

### 12. 个性原则

严格来说，"个性"并不能算是动画的一条原则，它实际上是正确运用前面的 11 条原则来达到动画需要达到的目标，个性将最终决定动画是否成功。

这些原则既适用于传统动画，也适用于计算机动画。对这些原理不能单纯记忆，动画制作者应该真正理解并在动画制作中恰当运用它们，从而提高动画的质量。

## 1.2　Flash CS5 动画制作简介

在开始使用 Flash 进行动画设计之前，首先来了解一下 Flash 具有传奇色彩的发展过程和 Flash CS5 版本的操作界面。

## 1.2.1　Flash CS5 操作基础

Flash 的前身叫做 FutureSplash Animator，由美国的乔纳森·盖伊在 1996 年夏季正式发行，并很快获得了微软和迪斯尼两大巨头公司的青睐，分别成为这两家公司的最大的客户。

由于 FutureSplash Animator 的巨大潜力吸引了当时实力较强的 Macromedia 的关注，于是在 1996 年 11 月，Macromedia 公司仅用 50 万美元就成功并购乔纳森·盖伊的公司，并将 FutureSplash Animator 改名为 Macromedia Flash 1.0。

经过 9 年的升级换代，2005 年 Macromedia 推出 Flash 8.0 版本，同时 Flash 也发展成为全球最流行的二维动画制作软件，同年 Adobe 公司以 34 亿美元的价格收购了整个 Macromedia 公司，并于 2010 年发行 Flash CS5。从此 Flash 发展到一个新的阶段。

下面介绍 Flash CS5 的设计界面。

（1）欢迎界面。

启动 Flash CS5 进入如图 1-23 所示的初始用户界面，其中包括以下 5 个主要板块。

- 【从模板创建】：从软件提供的模板创建新文件。
- 【打开最近的项目】：快速打开最近一段时间使用过的文件。
- 【新建】：新创建 Flash 文档。
- 【扩展】：用于快速登录 Adobe 公司的扩展资源下载网页。
- 【学习】：Adobe 公司为用户提供的学习资料。

图 1-23　初始用户界面

其中【新建】栏中的【ActionScript 3.0】和【ActionScript 2.0】两个选项分别指新建文档使用的脚本语言种类。需要注意的是，Flash CS5 中的新功能只能在脚本语言为"ActionScript 3.0"的 Flash 文档中使用。

（2）操作界面。

单击图 1-23 中的 ActionScript 3.0 选项，新建一个 Flash 文档，进入如图 1-24 所示的默认操作界面，其中包括菜单栏、时间轴、【工具】面板、舞台、【属性】面板（也称为【属性】检查器）等。

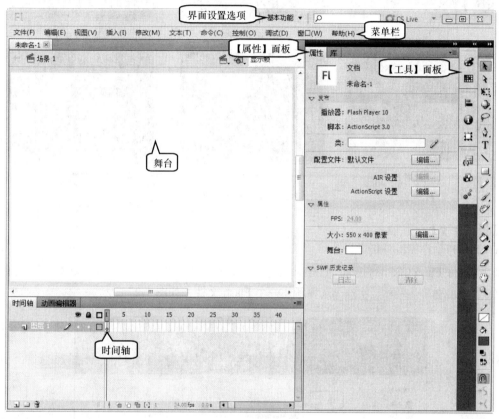

图 1-24　操作界面

Flash CS5 的界面较人性化，并提供了几个可供用户选择的界面方案，单击图 1-24 中的【界面设置选项】即可打开下拉菜单选择界面方案，如图 1-25 所示。

这里不再对面板中各个部分的具体功能做具体讲解，与其他软件一样，Flash 软件也需要在实战中去了解、熟悉、掌握。只有通过实例操作，读者才能掌握各工具的具体功能。

图 1-25　界面方案

## 1.2.2　Flash CS5 牛刀小试——制作"梦幻花境"

使用 Flash 可以高效地实现动画制作，本案例将制作一个旋转文字效果，带领读者初步认识动画的制作过程，其操作思路及效果如图 1-26 所示。

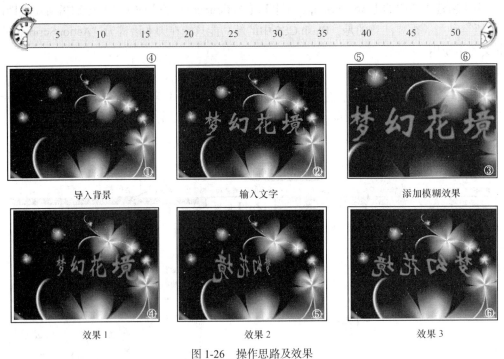

图 1-26　操作思路及效果

**【操作步骤】**

（1）打开制作模板分析。

（2）运行 Flash CS5 软件。

（3）单击 ActionScript 3.0 选项新建一个 Flash 文档，如图 1-27 所示。

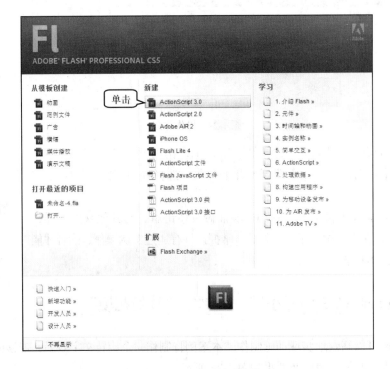

图 1-27　Flash CS5 开始页

（4）导入背景图片，效果如图 1-28 所示。

① 执行【文件】/【导入】/【导入到舞台】命令，如图 1-28 中 A 处所示，打开【导入】对话框。

② 双击导入素材文件"素材\第 1 章\旋转文字效果\背景.jpg"，如图 1-28 中 B 处所示。

③ 设置场景中的显示模式为"显示全部"，如图 1-28 中 C 处所示。

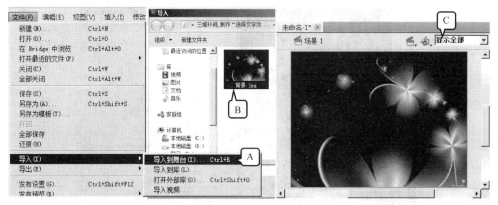

图 1-28 导入背景图片

（5）调整图片大小和位置，效果如图 1-29 所示。

① 单击选中场景中的背景图片。

② 按 Ctrl + K 组合键打开【对齐】面板。

③ 确认勾选 ☑ 与舞台对齐 复选框，如图 1-28 中 A 处所示。

④ 单击 按钮使背景图片和舞台匹配大小，效果如图 1-29 中 B 处所示。

⑤ 单击 按钮使背景图片垂直位置相对舞台居中对齐，效果如图 1-29 中 C 处所示。

⑥ 单击 按钮使背景图片水平位置相对舞台居中对齐，效果如图 1-29 中 D 处所示。

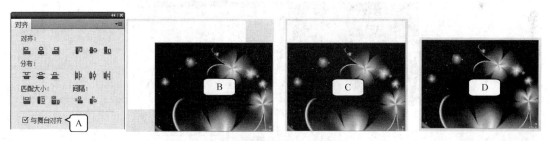

图 1-29 调整图片大小和位置

（6）新建图层，效果如图 1-30 所示。

① 双击"图层 1"，激活图层重命名功能，重命名图层为"背景"层。

② 单击 按钮新建一个图层，如图 1-30 中 A 处所示。

③ 重命名新建的图层为"旋转文字"层。

④ 单击"背景"图层锁定栏的黑点，锁定"背景"图层，如图 1-30 中 B 处所示。

（7）输入文字，效果如图 1-31 所示。

图 1-30 新建图层

① 单击"旋转文字"图层的第 1 帧，激活"旋转文字"图层。

② 按 键启用【文本】工具。

③ 在舞台中单击鼠标左键，输入"梦幻花境"4 个字。

④ 在【属性】面板设置文字属性。

⑤ 单击【颜色：】右边的色块，打开颜色设置面板，设置颜色为"#FF00FF"。

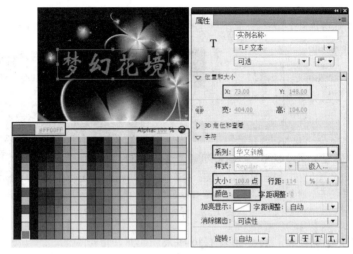

图 1-31　输入文字

（8）为文字添加模糊效果，效果如图 1-32 所示。

① 展开【属性】面板中的【滤镜】卷展栏。

② 在【滤镜】卷展栏下方单击 按钮弹出滤镜选择菜单。

③ 在滤镜选择菜单中选择【模糊】滤镜，其他参数保持默认设置。

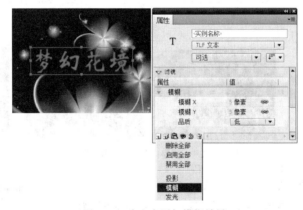

图 1-32　为文字添加模糊效果

（9）创建文字元件，效果如图 1-33 所示。

① 确保文字块处于被选中状态。

② 按 键打开【转换为元件】对话框。

③ 设置【名称】为"文字"。

④ 单击 确定 按钮完成创建。

图 1-33　创建文字元件

（10）制作旋转动画，效果如图 1-34 所示。

① 执行【窗口】/【动画预设】命令，打开【动画预设】面板。

② 展开【默认预设】文件夹，单击选中【3D 螺旋】选项。

③ 单击 应用 按钮为场景中的文字创建三维的旋转动画。

图 1-34　制作旋转动画

（11）按 Ctrl + Enter 组合键测试影片，如图 1-35 所示。

 测试观看后，发现背景图片并没有出现在画面中，这主要是由于背景图层的帧长度不够，需要为其插入帧。

（12）插入帧，效果如图 1-36 所示。

① 单击选中"背景"图层的第 50 帧。

② 按 F6 键插入普通帧。

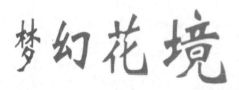

图 1-35　测试影片

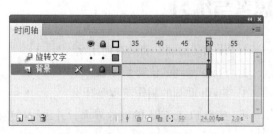

图 1-36　插入帧

（13）按 Ctrl + S 组合键保存影片文件，案例制作完成。

# 小　结

在开始全面学习 Flash 动画制作技术之前，首先需要从宏观上了解制作 Flash 动画的一般流程。使用 Flash CS5 制作动画的基本流程如图 1-37 所示。

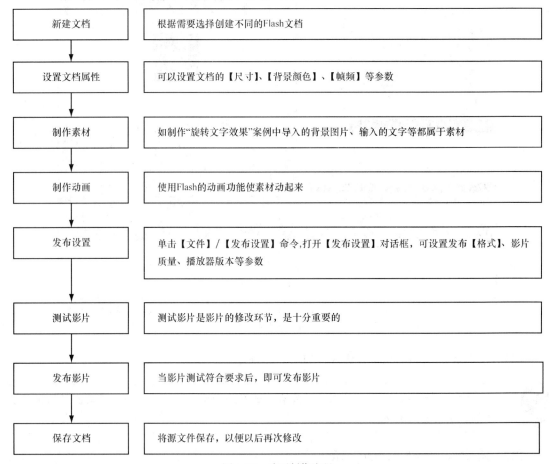

| 新建文档 | 根据需要选择创建不同的 Flash 文档 |
| 设置文档属性 | 可以设置文档的【尺寸】、【背景颜色】、【帧频】等参数 |
| 制作素材 | 如制作"旋转文字效果"案例中导入的背景图片、输入的文字等都属于素材 |
| 制作动画 | 使用 Flash 的动画功能使素材动起来 |
| 发布设置 | 单击【文件】/【发布设置】命令，打开【发布设置】对话框，可设置发布【格式】、影片质量、播放器版本等参数 |
| 测试影片 | 测试影片是影片的修改环节，是十分重要的 |
| 发布影片 | 当影片测试符合要求后，即可发布影片 |
| 保存文档 | 将源文件保存，以便以后再次修改 |

图 1-37　动画制作流程

# 思考与练习

1. 什么是动画？动画有何用途？
2. Flash 动画的优势是什么？
3. Flash 动画的制作流程是什么？
4. 熟悉 Flash CS5 的设计界面，并进行简单的设计训练。

# 第2章
# 制作和获取动画素材

使用 Flash CS5 进行动画开发时需要大量的素材，获取动画素材的途径一般有使用 Flash CS5 软件自带的工具进行动画素材绘制和导入外部素材两种方式。使用 Flash 自带的绘图工具进行动画素材绘制也是制作优秀动画作品的基础。

【教学目标】

- 掌握绘图工具的使用方法。
- 了解绘图和填色的技巧。
- 掌握导入素材的方法。
- 了解使用导入素材制作动画的方法。

## 2.1　绘制素材

正所谓工欲善其事，必先利其器，在开始讲述利用 Flash 绘图工具进行素材绘制之前，首先来认识一下 Flash CS5 为用户提供的绘图工具。

### 2.1.1　绘图工具简介

Flash CS5 提供了强大的绘图工具，给用户制作动画素材带来了极大的方便。其【工具】面板中的具体工具名称及其快捷键如图 2-1 所示。

> 用户使用 Flash 的绘图工具进行图形绘制的时候，应尽量使用工具对应的快捷键去控制工具的选择和更换，这样可以大大地提高工作效率。

使用 Flash 绘图工具绘制出的素材是矢量图，可以对其进行移动、调整大小、重定形状/更改颜色等操作，而不影响素材的品质。

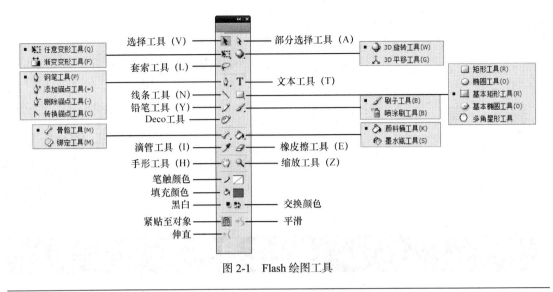

图 2-1　Flash 绘图工具

提示

（1）矢量图形。

定义：用矢量曲线来描述图像，包括颜色和位置等属性。

特点：矢量图形与分辨率无关，可以显示在各种分辨率的输出设备上，而品质不受影响。

应用：矢量图形适合用于线性图，特别是二维卡通动画中，能够有效地减少文件容量。

（2）位图图像。

定义：用像素排列在网格内的彩色点来描述图像。

特点：位图图像与分辨率有关，在比图像本身的分辨率低的输出设备上显示位图时会降低它的外观品质。

应用：位图图像适合用于表现层次和色彩细腻丰富，包含大量细节的图像中。

矢量图形与位图图形的特点对比如图 2-2 所示。

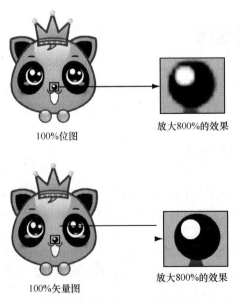

图 2-2　矢量图形和位图图形对比

根据用途的不同，工具可分为以下 6 类。

（1）规则形状绘制工具。

主要包括【矩形】工具、【椭圆】工具、【基本矩形】工具、【基本椭圆】工具、【多角星形】工具和【线条】工具。

（2）不规则形状绘制工具。

主要包括【钢笔】工具、【铅笔】工具、【笔刷】工具、【Deco】工具和【文本】工具。

（3）形状修改工具。

主要包括【选择】工具、【部分选择】工具和【套索】工具。

（4）颜色修改工具。

主要包括【墨水瓶】工具、【颜料桶】工具、【滴管】工具、【橡皮檫】工具、【颜色】工具和【填充变形】工具。

（5）视图修改工具。

主要包括【手形】工具和【缩放】工具。

（6）动画辅助工具。

主要包括【骨骼】工具、【绑定】工具、【平移】工具和【旋转】工具。

## 2.1.2　绘图工具基本训练——绘制"盆中风景"

下面将使用简单的绘图工具绘制一个花盆，并在花盆的旁边点缀两颗星星，操作思路及效果图如图 2-3 所示。

图 2-3　操作思路及效果图

【操作步骤】

步骤 1：绘制花盆底部。

（1）运行 Flash CS5 软件。

（2）新建一个 Flash 文档。

（3）新建图层，效果如图 2-4 所示。

19

① 连续单击圈按钮新建图层，如图 2-4 中 A 处所示。

② 重命名各个图层。

③ 锁定除"花盆底部"以外的图层。

④ 单击"花盆底部"图层的第 1 帧，如图 2-4 中 B 处所示。

（4）绘制矩形，效果如图 2-5 所示。

① 按圈键启用【矩形】工具。

② 在舞台上绘制一个矩形。

图 2-4　新建图层

图 2-5　绘制矩形

（5）调整矩形形状，效果如图 2-6 所示。

① 按圈键启用【选择】工具。

② 调整矩形为一个梯形（当把鼠标指针移动到矩形的右下角或左下角时，鼠标指针形状变为圈，按下鼠标左键即可开始调整）。

③ 调整梯形底边形状为圆弧状（当把鼠标指针移动到梯形的底边时，鼠标指针形状变为圈，按下鼠标左键即可开始调整）。

（6）填充颜色，效果如图 2-7 所示。

① 按圈键启用【填充】工具。

② 执行【窗口】/【颜色】菜单命令打开【颜色】面板。

③ 在【颜色】面板中设置【颜色类型】为"线性渐变"，如图 2-7 中 A 处所示。

④ 单击【色带】的中间位置，添加一个色块，如图 2-7 中 B 处所示。

⑤ 依次设置色块颜色。

⑥ 单击盆底封闭区域即可填充该区域。

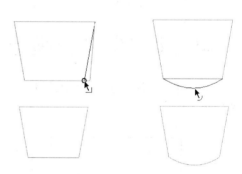

图 2-6　调整矩形形状

（7）删除轮廓线，效果如图 2-8 所示。

① 按圈键启用【选择】工具。

② 双击轮廓线，选中轮廓线。

③ 按圈键删除轮廓线。

（8）设置渐变方向，效果如图 2-9 所示。

① 按圈键启用【渐变变形】工具。

② 选中渐变填充的区域。

③ 调整渐变方向（当鼠标指针移动到圈旋转控制柄上，鼠标指针变为圈状态时，按下鼠标左键即可旋转渐变方向）。

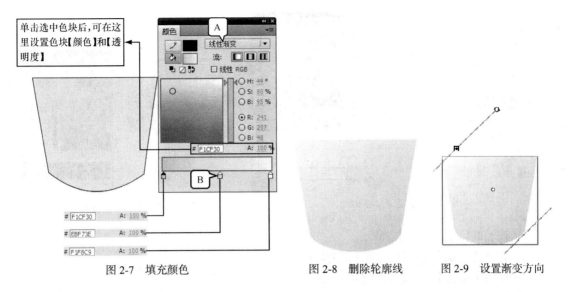

图 2-7　填充颜色　　　　图 2-8　删除轮廓线　　图 2-9　设置渐变方向

步骤 2：锁定除"花盆边沿"以外的图层，使用同样的方法在"花盆边沿"图层上绘制边沿图形，效果如图 2-10 所示。

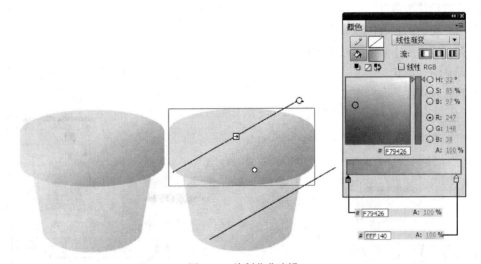

图 2-10　绘制花盆边沿

步骤 3：绘制"盆心 01"，效果如图 2-11 所示。

（1）锁定除"盆心 01"以外的图层。

（2）单击"盆心 01"图层的第 1 帧。

（3）按 键启用【椭圆】工具。

（4）在舞台上绘制 1 个椭圆。

（5）在【颜色】面板设置填充椭圆的颜色。

（6）锁定除"盆心 02"以外的图层，使用同样的方法绘制一个椭圆，效果如图 2-12 所示。

步骤 4：绘制"花苗"，效果如图 2-13 所示。

（1）绘制花苗的轮廓。

① 锁定除"花苗 01"以外的图层。

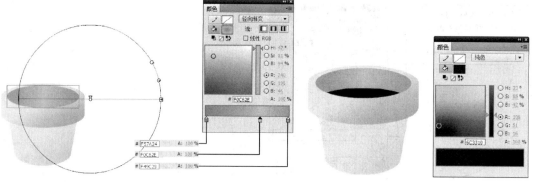

图 2-11　绘制"盆心 01"　　　　　　　　　图 2-12　绘制"盆心 02"

② 按 键启用【线条】工具。

③ 在"花苗 01"图层上绘制花苗的轮廓。

④ 使用【选择】工具进行调整。

（2）填充颜色，效果如图 2-14 所示。

① 在【颜色】面板设置【颜色类型】为"线性渐变"。

② 设置色块颜色。

③ 填充花苗的轮廓区域。

④ 按 键启用【渐变变形】工具。

⑤ 调整渐变形状。

⑥ 删除轮廓线。

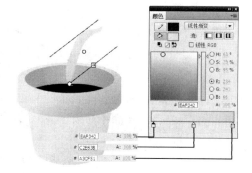

图 2-13　绘制花苗的轮廓　　　　　　　　图 2-14　填充颜色

**提示**

　　当使用【填充】工具进行区域填充时，如果所填充的区域并不是一个封闭的区域将出现填充无效的情况。处理这种问题可以通过两种方法来处理。

　　（1）如果被填充区域的空隙不是特别大，可以在启用【填充】工具的情况下，在工具栏下方单击 按钮选择填充允许的空隙的大小，如图 2-15 所示。

　　（2）在不改变【填充】工具设置的情况下，可以启用【选择】工具，并按下【工具栏】下方的 【贴近至对象】按钮，检查并连接空隙部分。

⑦ 使用同样的方法在"花苗 02"图层上绘制花苗，效果如图 2-16 所示。

⑧ 使用同样的方法在"花苗 03"图层上绘制花苗，效果如图 2-17 所示。

图 2-15　设置填充空隙　　　　图 2-16　绘制"花 02"　　　　图 2-17　绘制"花 03"

步骤 5：绘制装饰的星星。

（1）绘制五角星，效果如图 2-18 所示。

① 锁定除"五星"以外的图层。

② 按下鼠标左键并拖动【矩形工具】按钮，弹出下拉快捷菜单。

③ 选中选择【多角星形】工具，如图 2-18 中 A 处所示。

④ 在【属性】面板【工具设置】卷展栏单击　选项…　按钮，弹出【工具设置】对话框，如图 2-18 中 B 处所示。

⑤ 设置【样式】为"多边形"，【边数】为"5"。

⑥ 在舞台上绘制一个五角星。

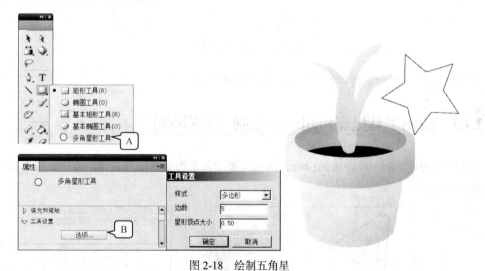

图 2-18　绘制五角星

（2）填充颜色，效果如图 2-19 所示。

① 在【颜色】面板设置【颜色类型】为"线性渐变"。

② 设置色块颜色。

③ 填充五角星的轮廓区域。

④ 按　键启用【渐变变形】工具。

⑤ 调整渐变形状。

⑥ 删除轮廓线。

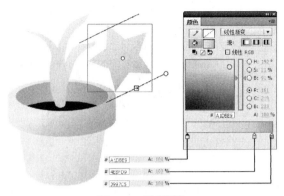

图 2-19　填充颜色

（3）使用同样的方法绘制第 2 颗五角星，最终操作效果如图 2-20 所示。

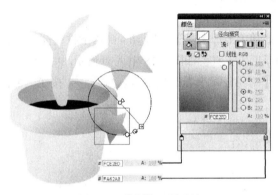

图 2-20　绘制第 2 颗星星

（4）按 Ctrl + S 组合键保存影片文件，案例制作完成。

## 2.1.3　绘图工具提高应用——绘制"五彩枫叶"

本案例将通过绘制一片精致的枫叶，带领读者学习掌握绘制仿真对象的方法，操作思路及效果如图 2-21 所示。

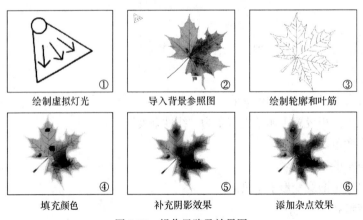

图 2-21　操作思路及效果图

【操作步骤】

步骤 1：绘制假想光源。

（1）运行 Flash CS5 软件。

（2）新建一个 Flash 文档。

（3）设置文档属性，如图 2-22 所示。

（4）新建图层，效果如图 2-23 所示。

① 连续单击 按钮新建图层。

② 重命名各个图层。

③ 锁定除"虚拟灯"以外的图层。

④ 单击选中"虚拟灯"图层的第 1 帧。

图 2-22　设置文档参数

图 2-23　新建图层

⑤ 在画布的左上角绘制一个虚拟灯光，如图 2-24 所示。

提示　　　在画布上绘制虚拟灯光是为了辅助绘画中空间想象，通过虚拟灯光联想在真实光照下所绘制对象应该是怎样的阴影效果和明暗分布，从而帮助读者绘出具有真实感的对象。

步骤 2：导入背景图片。

（1）激活"背景图"图层，效果如图 2-25 所示。

① 锁定"虚拟灯"层。

② 取消锁定"背景图"图层。

③ 选中"背景图"图层的第 1 帧。

图 2-24　绘制虚拟灯光

图 2-25　激活"背景图"图层

（2）导入背景图片，效果如图 2-26 所示。

① 执行【文件】/【导入】/【导入到舞台】命令，打开【导入】对话框。

② 双击素材文件"素材\第 2 章\精致超现实枫叶\图片\真实枫叶.jpg"导入到舞台中，如图 2-26

中 A 处所示。

图 2-26　导入背景图片

③ 在【属性】面板设置图片大小和位置如图 2-27 所示。

---

　对于刚刚开始进行鼠标绘制的读者，参照背景图进行描摹是非常有必要的。通过长期描摹掌握基本的绘图只是和绘图感觉后，再脱手进行绘制。

---

步骤 3：绘制枫叶边缘效果。

（1）激活"边缘"图层，如图 2-28 所示。

① 锁定"背景图"图层。

② 取消锁定"边缘"图层。

③ 单击选中"边缘"图层的第 1 帧。

图 2-27　设置图片参数

图 2-28　激活"边缘"图层

（2）绘制枫叶外轮廓，效果如图 2-29 所示。

① 按 键启用【钢笔】工具。

② 按照背景图的轮廓绘制枫叶轮廓。

---

　绘制边缘时，请注意保证轮廓的封闭性。只有封闭的边缘才能使后续的颜色填充顺利进行。按下【贴紧至对象】按钮 可方便最后封口操作。

---

（3）调整枫叶外轮廓，效果如图 2-30 所示。

① 按 键启用【选择】工具。

② 按照背景图的轮廓细部调整枫叶轮廓。

图 2-29　绘制枫叶外轮廓

图 2-30　调整枫叶外轮廓

步骤 4：绘制叶筋。

（1）激活"叶筋"图层，效果如图 2-31 所示。

① 锁定"边缘"图层。

② 取消锁定"叶筋"图层。

③ 单击激活"叶筋"图层的第 1 帧。

（2）绘制"叶筋"，效果如图 2-32 所示。

① 按　键启用【钢笔】工具。

② 按照背景图绘制枫叶叶筋。

**提示**

使用【钢笔】工具绘制一条线段结束时，可以通过只按一次　键来取消当前线段绘制。然后单击鼠标左键，开始新的线段绘制。

图 2-31　激活"叶筋"图层

图 2-32　绘制"叶筋"

（3）细部调整"叶筋"，效果如图 2-33 所示。

① 按　键启用【选择】工具。

② 按照背景图的轮廓细部调节枫叶叶筋。

（4）隐藏"背景图"图层，如图 2-34 所示。

图 2-33　细部调整"叶筋"

图 2-34　隐藏"背景图"图层

（5）设置枫叶叶筋颜色，效果如图 2-35 所示。

① 按  键启用【选择】工具。

② 按住 Shift 键选中其中一条叶筋主干的所有线段。

③ 进入【颜色】面板设置【类型】为"线性渐变"，如图 2-35 中 A 处所示。

④ 分别设置两个颜色色块。

（6）调整枫叶叶筋颜色渐变，效果如图 2-36 所示。

① 按 键启用【渐变变形】工具。

② 调整叶筋渐变形状。

> **提示** 叶筋的颜色设置一定要联系现实枫叶的情况来设置，通常情况下叶筋越靠近边缘颜色越淡，越靠近叶柄的地方颜色越深。

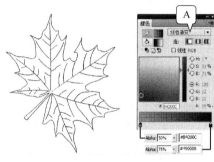

图 2-35　设置枫叶叶筋颜色

图 2-36　调整枫叶叶筋颜色渐变

（7）使用相同的颜色参数和调节方法设置其他叶筋主干和叶筋分支，效果如图 2-37 所示。

步骤 5：为枫叶上色。

（1）激活"边缘"图层，效果如图 2-38 所示。

① 隐藏"叶筋"图层。

② 取消锁定"边缘"图层。

③ 单击"边缘"图层的第 1 帧。

图 2-37　设置其他叶筋主干和叶筋分支

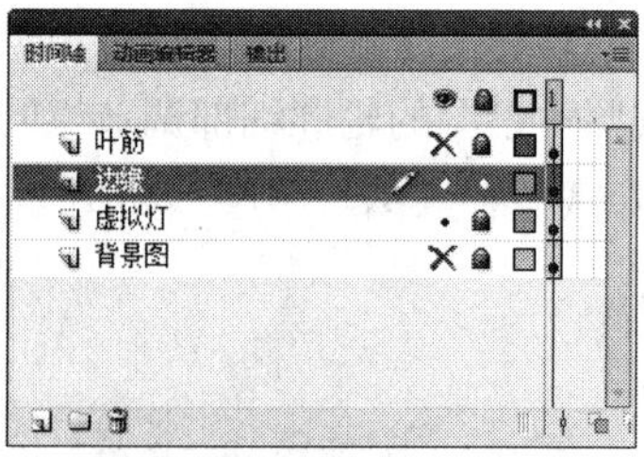

图 2-38　激活"边缘"图层

（2）绘制"边缘"，效果如图 2-39 所示。

① 按 键启用【铅笔】工具。

② 绘制不同亮度的填充区域轮廓。

（3）填充不同亮度区域，效果如图 2-40 所示。

① 按█键启用【填充】工具。

② 为不同亮度区域填充不同颜色。

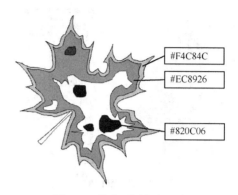

图 2-39　激活"边缘"图层　　　　　　　图 2-40　填充不同亮度区域

（4）填充亮度变化区域，效果如图 2-41 所示。

① 在【颜色】面板设置颜色为"径向渐变"。

② 设置色块颜色。

③ 填充亮度变化区域。

④ 按█键启用【渐变变形】工具。

⑤ 调整渐变形状。

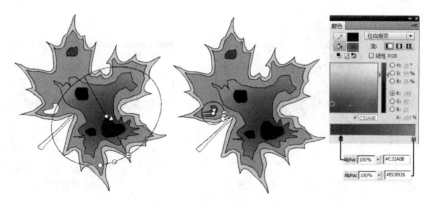

图 2-41　填充亮度变化区域

　　　　为枫叶上色时，请通过虚拟灯光来假想真实效果。颜色越淡表示被照射的灯光越多，颜色越暗表示被照得越少。

（5）填充叶柄，效果如图 2-42 所示。

① 在【颜色】面板设置颜色为"径向渐变"。

② 设置色块颜色。

③ 填充叶柄区域。

（6）删除所有边缘线，效果如图 2-43 所示。

① 按 v 键启用【选择】工具。

② 单击"边缘"图层的第 1 帧，选中该帧上的所有对象。

③ 在【颜色】面板中设置【笔触】颜色为"无"，如图 2-43 中 A 处所示。

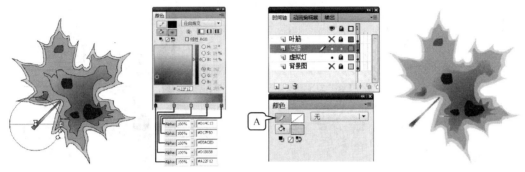

图 2-42　填充叶柄　　　　　　　　　　　　　图 2-43　删除所有边缘线

（7）取消隐藏"叶筋"图层，锁定"边缘"图层，如图 2-44 所示。

（8）添加图层，效果如图 2-45 所示。

① 选中"叶筋"图层。

② 连续 3 次单击 按钮，新建 3 个图层。

③ 重命名图层。

④ 锁定"第二阴影效果"和"杂点"图层。

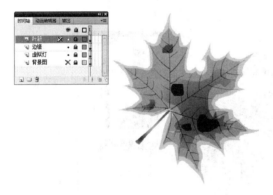

图 2-44　取消隐藏"叶筋"图层，锁定"边缘"图层

图 2-45　添加图层

步骤 6：添加阴影效果。

（1）绘制第一阴影效果，效果如图 2-46 所示。

① 按 o 键启用【椭圆】工具。

② 在【工具】面板按下 按钮，启用绘制对象功能，如图 2-46 中 A 处所示。

③ 在【颜色】面板设置【填充】颜色为"径向渐变"。

④ 设置色块颜色。

⑤ 设置【笔触】颜色为"无"，如图 2-46 中 B 处所示。

⑥ 在画面左侧绘制 1 个圆形。

⑦ 按住 Ctrl 键拖动圆复制出 6 个圆形，并按照阴影效果要求放置到枫叶上。

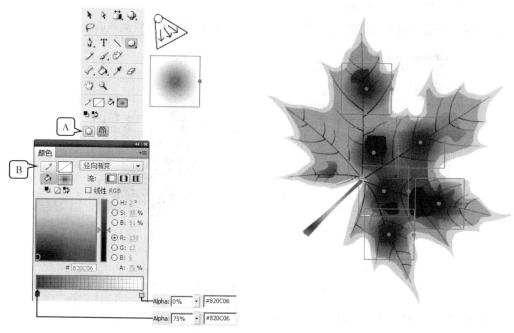

图 2-46　绘制第一阴影效果

（2）调整第一阴影效果，效果如图 2-47 所示。

① 按 键启用【任意变形】工具。

② 依次修改构成第一阴影效果的圆使其更加符合阴影效果。

（3）锁定"第一阴影效果"图层，取消隐藏"第二阴影效果"图层，如图 2-48 所示。

图 2-47　调整第一阴影效果　　　　　图 2-48　激活"第二阴影效果"图层

提示　　　　第一阴影效果的使用可以使画面的阴影效果过渡更加自然，同时也是对前面阴影效果的一个补充。

（4）绘制第二阴影效果，效果如图 2-49 所示。

① 按 键启用【椭圆】工具。

② 在【颜色】面板设置色块颜色。

③ 在画面左侧绘制一个圆形。

④ 按住 [Ctrl] 键拖动圆复制出 11 个圆形，并按照阴影效果要求放置到枫叶上。

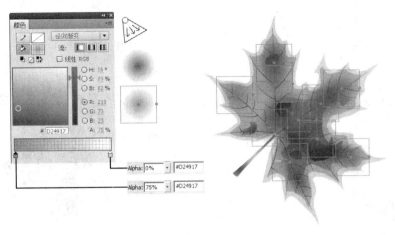

图 2-49　绘制第二阴影效果

（5）调整第二阴影效果，效果如图 2-50 所示。

① 按 [Q] 键启用【任意变形】工具。

② 调整第二阴影效果的圆。

　细心的读者应该已经发现，第二阴影效果所用圆的颜色较亮，其目的相当于对画面的补光。对应该更加淡的部位进行增亮。

（6）锁定"第二阴影效果"图层，取消锁定"杂点"图层，如图 2-51 所示。

图 2-50　调整第二阴影效果

图 2-51　取消锁定"杂点"图层

（7）绘制杂点，效果如图 2-52 所示。

① 按 [B] 键启用【刷子】工具。

② 在【工具】面板按下 [○] 按钮，启用绘制对象功能。

③ 设置【填充颜色】为 "#D25716"。

④ 绘制若干杂点。

⑤ 设置【填充颜色】为 "#810B05"。

⑥ 绘制若干杂点。

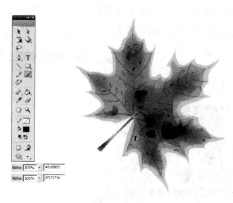

图 2-52　绘制杂点

（8）按 Ctrl + S 组合键保存影片文件，案例制作完成。

# 2.2　导入素材

当利用 Flash 自带的绘图工具绘制的素材不能满足需要时，用户还可以导入各种图片和视频素材来丰富开发资源。

## 2.2.1　导入图片和音频的方法

导入图片和音频的方法十分简单，在导入时没有任何参数需要设置。

### 1. 导入图片的方法

下面介绍导入图片的方法。

【操作步骤】

步骤 1：将单个图片导入到舞台。

（1）运行 Flash CS5 软件。

（2）新建一个 Flash 文档。

（3）导入图片到舞台，效果如图 2-53 所示。

① 执行【文件】/【导入】/【导入到舞台】命令，打开【导入】对话框。

② 双击导入素材文件“素材\第 2 章\导入图片素材练习\背景图片.jpg”，如图 2-53 中 A 处所示。

（4）编辑图片，效果如图 2-54 所示。

① 选中舞台上的图片。

② 按 Ctrl + B 组合键将图片打散。

③ 按 E 键启用【橡皮擦】工具。

④ 用【橡皮擦】工具任意擦拭图片的部分图像。

步骤 2：导入连续图片，效果如图 2-55 所示。

（1）执行【文件】/【导入】/【导入到舞台】命令打开导入对话框。

（2）双击素材文件"素材\第 2 章\导入图片素材练习\连续图片\01.png"，弹出提示对话框。

（3）单击 是 按钮将连续图片依次导入，并放置在连续的帧上。

图 2-53 导入图片到舞台

图 2-54 编辑图片

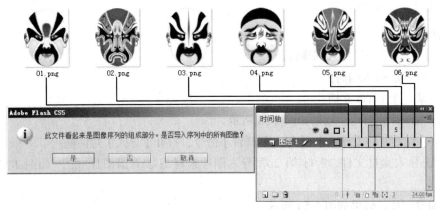

图 2-55 导入连续图片

步骤 3：导入 GIF 图片到库，效果如图 2-56 所示。

（1）执行【文件】/【导入】/【导入到库】命令，打开【导入到库】对话框。

（2）双击导入素材文件"素材\第 2 章\导入图片素材练习\乖猪猪.gif"，如图 2-56 中 A 处所示。

（3）此时【库】面板中生成了名为"元件 1"的影片剪辑元件，双击进入该元件编辑模式。

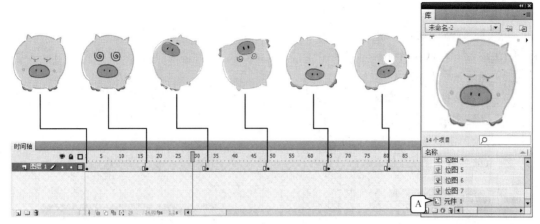

图 2-56　导入 GIF 图片到库

提示

　　　　GIF 是一种可以存储动画的图片格式，当使用 Flash 导入 GIF 图片时，当 GIF 中具有动画时，Flash 软件将自动生成一个影片剪辑元件来存储动画。

### 2. 导入声音的方法

导入声音的方法非常简单，执行【文件】/【导入】/【导入到库】命令导入到【库】面板中即可使用。

## 2.2.2　导入图片和声音——制作"户外广告"

随着广告的发展，在路边、山间、田野随处可见户外广告的身影。本案例将通过导入图片和声音来模拟一个户外广告的效果，从而带领读者学习图片和声音的导入方法，操作思路和效果如图 2-57 所示。

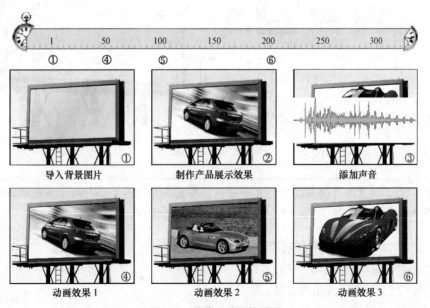

图 2-57　操作思路及效果图

【操作步骤】

步骤 1：设置场景。

（1）运行 Flash CS5 软件。

（2）新建一个 Flash 文档。

（3）设置文档参数，如图 2-58 所示。

（4）新建图层，效果如图 2-59 所示。

① 连续单击按钮新建 5 个图层。

② 重命名各个图层。

图 2-58　设置文档参数

图 2-59　新建图层

步骤 2：导入背景图片，效果如图 2-60 所示。

（1）选中"背景"图层的第 1 帧。

（2）执行【文件】/【导入】/【导入到舞台】命令，打开【导入】对话框。

（3）双击导入素材文件"素材\第 2 章\户外广告\图片\户外广告.png"到舞台，如图 2-60 中 A 处所示。

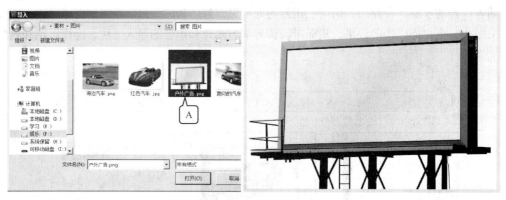

图 2-60　导入背景图片

 由于场景的大小与图片的大小一致，而且导入的图片会自动对齐居中到舞台，所以导入后的图片与场景完全吻合，不需要进行其他操作。

步骤 3：制作展示图片 1 的显示效果。

（1）添加帧，效果如图 2-61 所示。

① 选中"背景"图层的第 240 帧。

② 按 Shift 键单击选中"声音"图层的第 240 帧，即可选中所有图层的第 240 帧。

③ 按 🔲 键插入一个普通的帧。

（2）导入展示图片 1，效果如图 2-62 所示。

① 选中"展示 1"图层的第 1 帧。

② 导入素材文件"素材\第 2 章\户外广告\图片\跑动的汽车.bmp"到舞台。

③ 在【属性】面板的【位置和大小】卷展栏中设置图片【宽度】："440"、【高度】："308"和【X】："80"、【Y】："30"，如图 2-62 中 A 处所示。

图 2-61　添加帧

图 2-62　导入展示图片 1

（3）将图片转换为图形元件，效果如图 2-63 所示。

① 单击选中场景中的汽车图片。

② 按 🔲 键打开【转换为元件】对话框。

③ 设置元件的【类型】为"图形"、【名称】为"跑动的汽车"。

④ 单击 确定 按钮，完成转换。

图 2-63　将图片转换为元件

图片是不能直接制作动画的，需要把图片转换为元件才能制作各种动画效果。

（4）制作图片 1 的渐显和渐隐效果，效果如图 2-64 所示。

① 选中"展示 1"图层的第 15 帧，按 🔲 键插入一个关键帧。

② 用同样的方法分别在第 65 帧和第 80 帧插入一个关键帧。

③ 单击选中第 1 帧上的元件，在【属性】面板的【色彩效果】卷展栏中设置【Alpha】为"0%"，如图 2-64 中 A 处所示。

④ 用同样的方法，设置第 80 帧上的元件的【Alpha】为"0%"。

⑤ 在第 1 帧～第 15 帧单击鼠标右键，在弹出的快捷菜单中选择【创建传统补间】命令，如图 2-64 中 B 处所示。

⑥ 用同样的方法，在第 65 帧～第 80 帧创建传统补间动画。

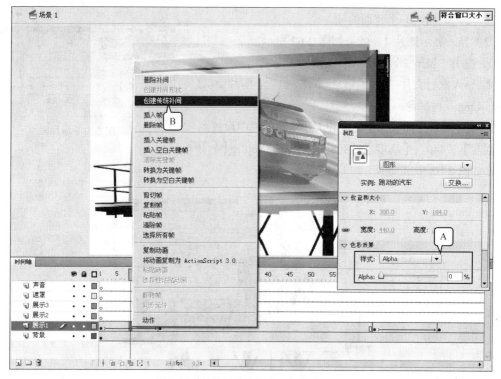

图 2-64　制作图片 1 的渐显和渐隐效果

　选择某一帧上的元件时，有两种方法：一是选中该帧，然后在舞台上单击选中对应的元件。二是选中该帧，然后按 键即可选中该帧上的元件。

步骤 4：制作展示图片 2 的显示效果。

（1）导入展示图片 2，效果如图 2-65 所示。

① 选中"展示 2"图层的第 80 帧，按 键插入一个关键帧。

② 导入素材文件"素材\第 2 章\户外广告\图片\海边汽车.png"到舞台。

③ 选中图片，在【属性】面板的【位置和大小】卷展栏中设置图片【宽度】为"440"、【高度】为"299.4"和【X】为"80"、【Y】:"15"，如图 2-65 中 A 处所示。

图 2-65　导入展示图片 2

（2）制作图片 2 的渐显和渐隐效果，效果如图 2-66 所示。

① 将图片转换为名为"海边汽车"的图形元件。

② 在"展示 2"图层的第 95 帧、第 145 帧和第 160 帧处插入关键帧。

③ 分别设置第 80 帧和第 160 帧上的元件的【Alpha】为"0%"。

④ 分别在第 80 帧～第 95 帧和第 145 帧～第 160 帧创建传统补间动画。

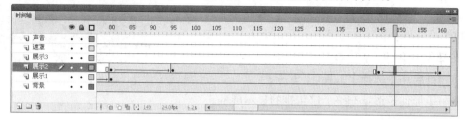

图 2-66　制作图片 2 的渐显和渐隐效果

步骤 5：制作展示图片 3 的显示效果。

（1）导入展示图片 3，效果如图 2-67 所示。

① 选中"展示 3"图层的第 160 帧，按 键插入 1 个关键帧。

② 导入素材文件"素材\第 2 章\户外广告\图片\红色汽车.jpg"到舞台。

③ 选中图片在【属性】面板的【位置和大小】卷展栏中设置图片的【宽度】："440"、【高度】："330"和【X】：91、【Y】：−2，如图 2-67 中 A 处所示。

图 2-67　导入展示图片 3

（2）制作图片 3 的渐显和渐隐效果，效果如图 2-68 所示。

① 将图片转换为名为"红色汽车"的图形元件。

② 分别在"展示 3"图层的第 175 帧、第 225 帧和第 240 帧处按 键插入关键帧。

③ 分别设置第 160 帧和第 240 帧上的元件的【Alpha】为"0%"。

④ 分别在第 160 帧～第 175 帧和第 225 帧～第 240 帧创建传统补间动画。

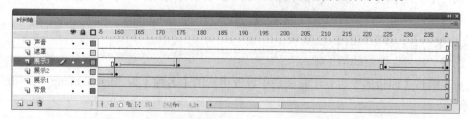

图 2-68　制作图片 3 的渐显和渐隐效果

步骤 6：制作遮罩。

（1）制作遮罩元件，效果如图 2-69 所示。

① 选择"遮罩"图层的第 1 帧。

② 按 R 键启用【矩形】工具。

③ 设置【笔触颜色】为"无"、【填充颜色】为
"#00CBFF"。

④ 在舞台上绘制一个矩形。

⑤ 按 V 键启用【选择】工具。

⑥ 调整矩形使矩形填充整个广告排的显示屏幕。

图 2-69 制作遮罩元件

（2）制作多层遮罩，效果如图 2-70 所示。

① 右击"遮罩"图层，在弹出的菜单命令中选择【遮罩】命令，将"遮罩"层转换为遮罩层。

② 将"展示 1"图层、"展示 2"图层和"展示 3"图层转换为被遮罩层。

图 2-70 制作多层遮罩

当"遮罩"图层转换为遮罩层后，"展示 3"图层会自动转换为被遮罩层，然后可以将"展示 1"图层和"展示 2"图层拖到"展示 3"图层的下边，软件会自动识别并将其转换为被遮罩层。

步骤 7：添加声音。

（1）导入声音，效果如图 2-71 所示。

① 执行【文件】/【导入】/【导入到库】命令，打开【导入到库】对话框。

② 双击导入素材文件"素材\第 2 章\户外广告\声音\bgsound.mp3"到库。

（2）添加声音，效果如图 2-72 所示。

① 选中"声音"图层的第 1 帧。

② 在【属性】面板的【声音】卷展栏中设置声音的【名称】为"bgsound.mp3"，如图 2-72
中 A 处所示。

③ 设置声音的【同步】为"数据流"和"重复"，如图 2-72 中 B 处所示。

图 2-71　导入声音

图 2-72　添加声音

步骤 8：按 Ctrl + S 组合键保存影片文件，案例制作完成。

在【属性】面板的【声音】卷展栏中还可以设置声音的【效果】和【同步】项，如图 2-73 所示，下面将通过表 2-1 和表 2-2 对其中的参数进行说明。

声音属性

同步

图 2-73　声音参数设置

表 2-1　　　　　　　　　　　　　　　效果下拉列表中各项的功能

| 选项 | 功　　能 |
|---|---|
| 无 | 不对声音文件应用效果，选择此选项将删除以前应用的效果 |
| 左声道、右声道 | 系统播放歌曲时，系统默认是左声道播放伴音，右声道播放歌词。所以，若插入一首 mp3，想仅仅播放伴音的话，就选择左声道。想保留清唱的话，就选择右声道 |
| 向右淡出、向左淡出 | 会将声音从一个声道切换到另一个声道 |
| 淡入、淡出 | 淡入就是声音由低开始，逐渐变高。淡出就是声音由高开始，逐渐变低 |
| 自定义 | 选择这选项，将打开【编辑封套】对话框，可以通过拖动滑块来调节声音的高低。最多可以添加 5 个滑块。窗口中显示的上下两个分区分别是左声道和右声道，波形远离中间位置时，表明声音高，靠近中间位置时，表明声音低 |

在各种效果中常用的是淡入淡出，通过设置 4 个滑块，开始在最低点，逐渐升高，平稳运行一段后，结尾处再设到最低即可。

Flash CS5 提供的同步设置，各个选项的功能如表 2-2 所示。

表 2-2　　　　　　　　　　　　　同步下拉列表中各项的功能

| 选项 | 功　　　能 |
| --- | --- |
| 事件 | 将声音设置为事件，可以确保声音有效地播放完毕，不会因为帧已经播放完而引起音效的突然中断，制作该设置模式后声音会按照指定的重复播放次数一次不漏地全部播放完 |
| 开始 | 将音效设定为开始，每当影片循环一次时，音效就会重新开始播放一次，如果影片很短而音效很长，就会造成一个音效未完而又开始另外一个音效的现象，这样就造成音效的混合而使音效变乱 |
| 停止 | 结束声音文件的播放，可以强制开始和事件的音效停止 |
| 数据流 | 设置为数据流的时候，会迫使动画播放的进度与音效播放进度一致，如果遇到机器的运行不快，Flash 电影就会自动略过一些帧以配合背景音乐的节奏。一旦帧停止，声音也就会停止，即使没有播放完，也会停止 |

其中应用最多的是【事件】选项，它表示声音由加载的关键帧处开始播放，直到声音播放完或者被脚本命令中断。而数据流选项表示声音播放和动画同步，也就是说如果动画在某个关键帧上被停止播放，声音也随之停止。直到动画继续播放的时候声音才会从停止处开始继续播放，一般用来制作 MTV。

### 2.2.3　导入视频与打开外部库的基本方法

Flash CS5 版本对导入的视频格式做了严格的限制，只能导入 flv 格式的视频，flv 视频格式是目前网页视频观看的主要格式。

#### 1．导入视频的方法

【操作步骤】

（1）选择视频，效果如图 2-74 所示。

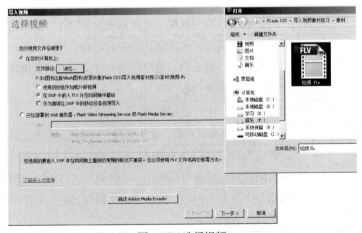

图 2-74　选择视频

① 执行【文件】/【导入】/【导入视频】命令，打开【导入视频】对话框。

② 选中 ⊙ 在 SWF 中嵌入 FLV 并在时间轴中播放 单选项。

③ 单击 ▢浏览... 按钮打开【打开】对话框。

④ 双击素材文件中"素材\第 2 章\导入视频素材练习/视频.flv"，返回【导入视频】对话框。

⑤ 单击 ▢下一步> 按钮，进入【嵌入】视频设置界面。

（2）嵌入视频设置，效果如图 2-75 所示。

① 设置【符号类型】为"嵌入的视频"，其他参数保持默认状态。

② 单击 ▢下一步> 按钮，进入【完成视频导入】设置界面。

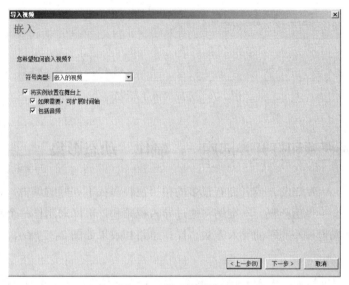

图 2-75　嵌入视频设置

【符号类型】项的设置对视频导入后的存在形式有非常大的影响，具体含义如表 2-3 所示，用户可以根据具体需要进行选择。

表 2-3　　　　　　　　　　　　　　　　　　　　　　　【符号类型】项

| 类型 | 含　义 |
| --- | --- |
| 嵌入的视频 | 将视频导入到当前的时间轴上 |
| 影片剪辑 | 系统自动新建一个影片剪辑元件，将视频导入该影片剪辑元件内部的帧上 |
| 图形 | 系统自动新建一个图形元件，将视频导入该图形元件内部的帧上 |

（3）单击 ▢完成 按钮，完成视频导入，如图 2-76 所示。

## 2. 打开外部库

执行【文件】/【导入】/【导入外部库】命令，打开【作为库打开】面板，选中打开 Flash 源文件（即.fla 文件）即可打开该源文件的库文件，使用外部库和使用【库】面板的操作是相同的，故不再对其进行讲解。

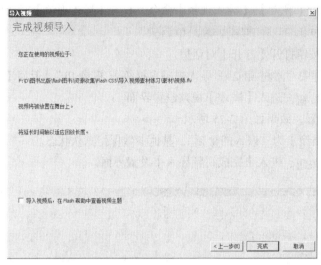

图 2-76　完成视频导入设置

## 2.2.4　导入视频和打开外部库——制作"动态影集"

您是否是一个 DV 发烧友，或者拥有很多的拍摄视频而找不到好的编辑、处理方法，使得所拍摄的视频感觉缺少一些色彩呢？本案例将通过导入视频和外部库来制作一个动态影集，从而带领读者学习并掌握视频和外部库的导入方法，操作思路和效果如图 2-77 所示。

导入视频　　　　　　　调用外部库文件　　　　　　　制作遮罩

动画效果 1　　　　　　　动画效果 2　　　　　　　动画效果 3

图 2-77　操作思路及效果图

【操作步骤】

步骤 1：设置场景。

（1）运行 Flash CS5 软件。

（2）打开制作模板，效果如图 2-78 所示。

按 Ctrl + o 组合键打开素材文件"素材\第 2 章\动态影集\动态影集-模板.fla"。在文档中已经将开场动画以及控制代码布置完成。

（3）新建图层，效果如图 2-79 所示。

① 选择"主题显示"图层。

② 单击 按钮在"主题显示"图层上面新建 1 个图层，如图 2-79 中 A 处所示。

③ 重命图层为"个人视频"。

图 2-78　模板场景

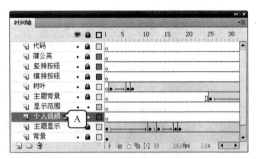

图 2-79　新建图层

步骤 2：导入视频。

（1）新建元件，效果如图 2-80 所示。

① 在主菜单栏中选择【插入】/【新建元件】命令，打开【创建新元件】对话框。

② 设置元件的【类型】为"影片剪辑"，如图 2-80 中 A 处所示。

③ 设置元件的【名称】为"视觉感受"，如图 2-80 中 B 处所示。

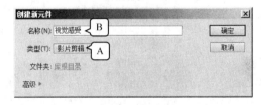

图 2-80　新建元件

④ 单击 确定 按钮，创建一个影片剪辑元件，并进入元件编辑状态。

（2）导入视频，效果如图 2-81 所示。

① 选择"图层 1"图层的第 1 帧。

② 执行【文件】/【导入】/【导入视频】菜单命令，打开【导入视频】对话框。

③ 单击 浏览... 按钮，打开【打开】对话框，如图 2-81 中 A 处所示。

④ 双击选择素材文件"素材\第 2 章\动态影视\视频\视觉感受.flv"视频文件，如图 2-81 中 B 处所示。

⑤ 点选 在 SWF 中嵌入 FLV 并在时间轴中播放 单选项，如图 2-81 中 C 处所示。

（3）设置视频的嵌入方式，效果如图 2-82 所示。

① 单击 下一步 > 按钮，进入【嵌入】页面。

② 设置【符号类型】为"图形"，如图 2-82 中 A 处所示。

③ 勾选 将实例放置在舞台上 复选框。

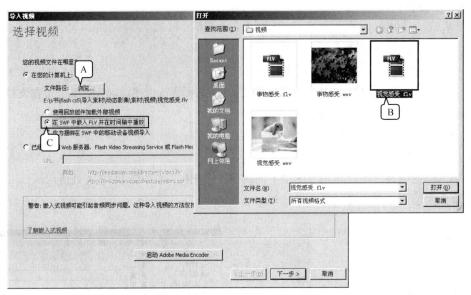

图 2-81　导入视频

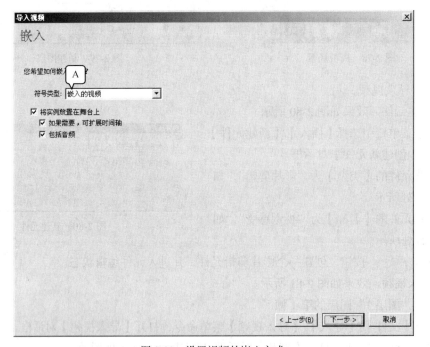

图 2-82　设置视频的嵌入方式

（4）单击 下一步 > 按钮，进入【完成视频导入】页面，如图 2-83 所示。

（5）单击 完成 按钮，即可将视频导入到时间轴上，如图 2-84 所示。

步骤 3：导入外部库中的元件。

（1）新建元件，效果如图 2-85 所示。

① 在主菜单栏中选择【插入】/【新建元件】命令，打开【创建新元件】对话框。

② 设置元件的【类型】为"影片剪辑"。

③ 设置元件的【名称】为"视频控制"。

④ 单击 确定 按钮，创建一个影片剪辑元件，并进入元件编辑状态。

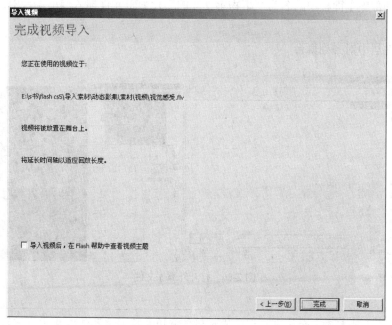

图 2-83 完成视频导入

图 2-84 导入的视频效果

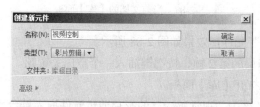

图 2-85 新建元件

（2）打开外部库文件，效果如图 2-86 所示。

① 单击选中"图层 1"图层的第 1 帧。

② 执行【文件】/【导入】/【打开外部库】菜单命令，打开【作为库打开】对话框。

③ 双击打开素材文件"素材\第 2 章\动态影视\外部库\事物感受.fla"。

④ 将【外部库】面板中的名为"事物感受"的影片剪辑元件拖入当前舞台中，如图 2-86 中 A 处所示。

⑤ 将元件居中对齐到舞台。

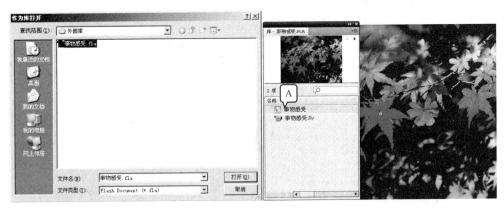

图 2-86　打开外部库文件

提示　　　　将【外部库】面板中的元件拖入到当前场景后，该元件以及相关联的元件都会进入当前文档的【库】面前中，如图 2-87 所示。

图 2-87　当前文档的【库】面板

（3）布置"视觉感受"元件，效果如图 2-88 所示。

① 选择"图层 1"图层的第 2 帧，按 键插入一个空白关键帧。

② 按 Ctrl + L 组合键打开【库】面板。

③ 将【库】面板中的名为"视觉感受"的影片剪辑元件拖入舞台，如图 2-88 中 A 处所示。

④ 将元件居中对齐到舞台。

（4）添加控制代码，效果如图 2-89 所示。

① 单击 按钮新建 1 个图层并重命名为"代码"，如图 2-89 中 A 处所示。

② 选中"代码"图层的第 2 帧，按█键插入一个空白关键帧。

③ 选中"代码"图层的第 1 帧，按█键打开【动作-帧】对话框。

④ 输入代码："stop();"，如图 2-89 中 B 处所示。

⑤ 用同样的方法给第 2 帧添加相同的控制代码。

图 2-88 布置"视觉感受"元件

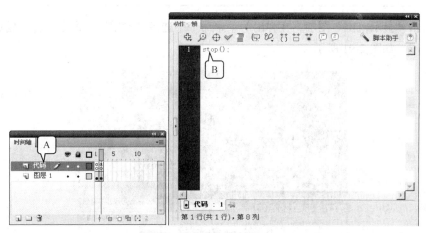

图 2-89 添加控制代码

本操作中给两个关键帧都添加了控制代码，目的是让元件能够单独播放关键帧上的动画元件，而其播放的帧数由外部代码来控制。

步骤 4：布置"视频控制"元件，效果如图 2-90 所示。

（1）将元件放置到主场景中。

① 单击█按钮，退出元件编辑，返回主场景。

② 选中"个人视频"图层的第 35 帧，按█键插入一个空白关键帧。

③ 将【库】面板中的名为"视频控制"的影片剪辑元件拖入舞台。

④ 在【属性】面板设置元件的【实例名称】为"sp"，如图 2-90 中 A 处所示。

⑤ 在【属性】面板设置元件的大小和位置，如图 2-90 中 B 处所示。

图 2-90　将元件放置到主场景中

设置元件【实例名称】的目的是让代码能够通过元件名称来控制该元件。

（2）右击"显示范围"图层，在弹出的菜单命令中选择"遮罩层"命令，将"显示范围"层转换为遮罩层，如图 2-91 所示。

图 2-91　制作遮罩层

步骤 5：按 [Ctrl] + [s] 组合键保存影片文件，案例制作完成。

【知识拓展】——色彩的分类

在动画制作的开始阶段，读者有必要对色彩的分类有所了解。一般来说不同的色彩代表不同的含义，通过颜色来代表各种思想和意义，下面将对常用的色系进行讲解。

• 红色系：给人一种炎热、血色、恐怖、激情、庄重、严肃的感觉，但是长时间待在红色系房屋内会使人产生烦躁的情绪，如图 2-92 所示。

• 黄色系：使人联想到柠檬的酸酸的感觉，黄色纯度高，明亮，适合用于警示标志。它还可以表现出高贵的气质和庄严的气氛，在古代中国及古埃及黄色都是至高无上的象征，如图 2-93 所示。

- 蓝色系：给人一种清新、明快、活泼的感觉，适合用于表现天空、水面及幽静深远的空间，如图 2-94 所示。

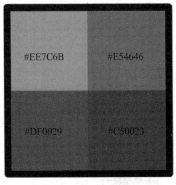

图 2-92　红色系

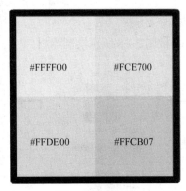

图 2-93　黄色系

图 2-94　蓝色系

- 绿色系：它是大自然的颜色，清脆、透亮，象征着春天、朝气、生命和希望。绿色系给人一种清新的感觉，适合于表现大自然及喜悦的心情，如图 2-95 所示。
- 白色系：给人纯洁、单调、明亮的感觉，在不同国家白色含有不同的意义，如西方婚礼中的白色婚纱，表现出的是一种纯洁高贵的气质，如图 2-96 所示。
- 黑色系：给人黑暗、恐怖、沉闷、肃穆、消极的感觉，黑色在动画作品中多用于表现消极的一面。在不同的设计中黑色具有不同的用途，如警示标志，是由黑黄两色组成的，如黑色的西服，则可以表现出稳重、成熟的感觉，如图 2-97 所示。

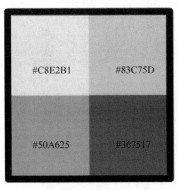

图 2-95　绿色

图 2-96　白色系

图 2-97　黑色

# 小　结

本章中通过对实例的剖析让读者对 Flash 基本工具以及各种导入功能有一个全面的了解和把握。每一个 Flash 动画作品都要通过这些方法来获得素材，要做出精美的 Flash 动画作品，必须学会这些设计工具的使用方法。

# 思考与练习

1. Flash CS5 如何获得动画素材？

2. 矢量图与位图有什么区别？Flash 绘图工具绘制出的素材属于哪一类？

3. Flash CS5 能导入的视频格式有哪些？

4. 使用 Flash CS5 的绘图工具按图 2-98 所示绘制素材。

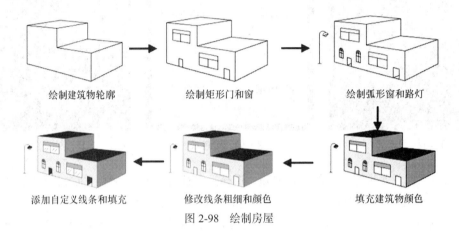

绘制建筑物轮廓　　　　绘制矩形门和窗　　　　绘制弧形窗和路灯

添加自定义线条和填充　　修改线条粗细和颜色　　填充建筑物颜色

图 2-98　绘制房屋

5. 使用 Flash CS5 的导入功能按图 2-99 所示制作音乐播放器。

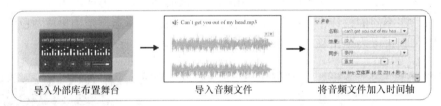

导入外部库布置舞台　　　导入音频文件　　　将音频文件加入时间轴

图 2-99　制作音乐播放器

# 第3章

# 制作逐帧动画

在 Flash 动画的制作中，逐帧动画（Frame By Frame）是一种最基础的动画类型。逐帧动画的制作原理与电影播放模式类似，适合于表现细腻的动画情节。合理运用逐帧动画的设计技巧，可以制作出生动、活泼的作品。

【教学目标】
- 掌握逐帧动画原理。
- 掌握使用逐帧动画的方法。
- 掌握对帧的各种操作。
- 了解元件和库的概念。

## 3.1 制作逐帧动画

逐帧动画的原理比较简单，但是要制作出优秀的逐帧动画对制作者的动画技能要求较高，这需要制作者多观察，多思考。

### 3.1.1 逐帧动画原理

逐帧动画的制作基于对 Flash 中帧的操作，所以在开始逐帧动画制作学习之前，可以先对 Flash 中帧的类型和原理进行讲解。

#### 1．帧的类型

Flash 中对帧的分类可以分为关键帧和普通帧。

（1）关键帧。

要掌握关键帧的原理，需记住以下 4 点内容。

- 定义：用来存储用户对动画的对象属性所做的更改或者 ActionScript 代码。
- 显示：单个关键帧在时间轴上用一个黑色圆点表示。
- 补间动画：关键帧之间可以创建补间动画，从而生成流畅的动画。
- 空白关键帧：关键帧中不包含任何对象即为空白关键帧，显示为一个空心圆点。

动作补间动画、形状补间动画、AS 代码、关键帧、空白关键帧在【时间轴】中的显示如图 3-1 所示。

（2）普通帧。

普通帧是指内容没有变化的帧，通常用来延长动画的播放时间。空白关键帧后面的普通帧显示为白色，关键帧后面的普通帧显示为浅灰色。

普通帧的最后一帧中显示为一个中空矩形，图 3-2 所示为普通帧在时间轴中显示的效果。

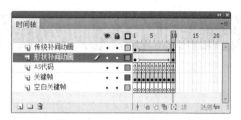

图 3-1　关键帧　　　　　　　　　　　　　图 3-2　帧效果

## 2. 逐帧动画的原理

逐帧动画的原理是逐一创建出每一帧上的动画内容，然后顺序播放各动画帧上的内容，从而实现连续的动画效果，如图 3-3 所示。

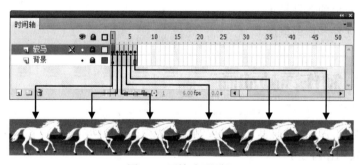

图 3-3　逐帧动画原理

创建逐帧动画的典型方法主要有以下 3 种。

- 从外部导入素材生成逐帧动画，如导入静态的图片、序列图像和 GIF 动态图片等。
- 使用数字或者文字制作逐帧动画，如实现文字跳跃或旋转等特效动画。
- 绘制矢量逐帧动画，利用各种制作工具在场景中绘制连续变化的矢量图形，从而形成逐帧动画。

## 3.1.2　逐帧动画基本训练——制作"动态 QQ 表情"

日常网络交流中使用的动态 QQ 表情就是使用逐帧动画制作的，本小节就使用逐帧动画来制作一个动态 QQ 表情，操作效果如图 3-4 所示。

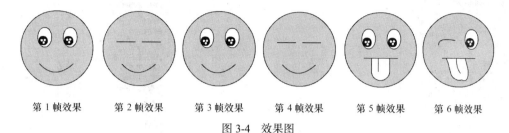

第 1 帧效果　　　第 2 帧效果　　　第 3 帧效果　　　第 4 帧效果　　　第 5 帧效果　　　第 6 帧效果

图 3-4　效果图

【操作步骤】

（1）运行 Flash CS5 软件。

（2）新建一个 Flash 文档。

（3）设置文档属性，效果如图 3-5 所示。

① 设置文档【尺寸】为"300 像素×200 像素"。

② 设置【帧频】为"3fps"。

③ 其他属性使用默认参数。

图 3-5　设置文档属性

（4）在第 1 帧使用【椭圆】工具绘制脸型和眼睛，如图 3-6 所示。

（5）使用【刷子】工具绘制眼睛的细部效果，如图 3-7 所示。

（6）使用【线条】工具绘制嘴巴效果，如图 3-8 所示。

（7）制作第 2 帧处的图形，效果如图 3-9 所示。

① 在第 2 帧处按 F6 键插入一个关键帧。

② 在舞台上绘制笑脸。

图 3-6　眼睛轮廓　　图 3-7　眼睛效果图　　图 3-8　笑脸效果　　图 3-9　绘制第 2 帧处的图形

提示　　对帧的操作有 3 种方式：菜单命令（见图 3-10）、鼠标右键快捷菜单（见图 3-11）和键盘快捷键，常用的帧操作命令的快捷键及功能如表 3-1 所示。

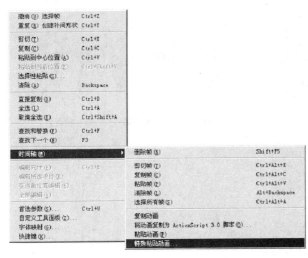

图 3-10　选择【编辑】下的菜单命令　　　　　图 3-11　用鼠标右键单击帧弹出的快捷菜单

表 3-1　　　　　　　　　　　　　　　　　常用的帧操作

| 命令 | 快捷键 | 功能说明 |
|---|---|---|
| 创建补间动画 | | 在当前选择的帧的关键帧之间创建动作补间动画 |
| 创建补间形状 | | 在当前选择的帧的关键帧之间创建形状补间动画 |
| 插入帧 | F6 | 在当前位置插入一个普通帧，此帧将延续上帧的内容 |
| 删除帧 | Ctrl + F5 | 删除所选择的帧 |
| 插入关键帧 | F6 | 在当前位置插入关键帧并将前一关键帧的作用时间延长到该帧之前 |
| 插入空白关键帧 | F7 | 在当前位置插入一个空白关键帧 |
| 清除关键帧 | Shift + F6 | 清除所选择的关键帧，使其变为普通帧 |
| 转换为关键帧 | | 将选择的普通帧转换为关键帧 |
| 转换空白关键帧 | | 将选择的帧转换为空白关键帧 |
| 剪切帧 | Ctrl + Alt + X | 剪切当前选择的帧 |
| 复制帧 | Ctrl + Alt + C | 复制当前选择的帧 |
| 粘贴帧 | Ctrl + Alt + V | 将剪切或复制的帧粘贴到当前位置 |
| 清除帧 | Alt + Back Space | 清除所选择的关键帧 |
| 选择所有帧 | Ctrl + Alt + A | 选择时间轴中的所有帧 |
| 翻转帧 | | 将所选择的帧翻转，只有在选择了两个或两个以上的关键帧时该命令才有效 |
| 同步符号 | | 如果所选帧中包含图形元件实例，那么执行此命令将确保在制作动作补间动画时图形元件的帧数与动作补间动画的帧数同步 |
| 动作 | F9 | 为当前选择的帧添加 ActionScript 代码 |

（8）用同样的方法在后续帧上绘制其他笑脸，如图 3-12 所示。

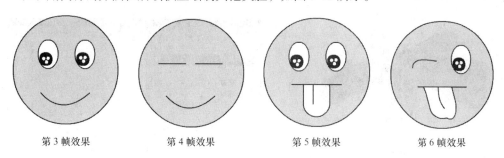

第 3 帧效果　　　　第 4 帧效果　　　　第 5 帧效果　　　　第 6 帧效果

图 3-12　其他笑脸

（9）按 Ctrl + S 组合键保存影片文件，案例制作完成。

### 3.1.3　逐帧动画提高应用——制作"野外篝火"

火焰是 Flash 动画中常常需要表现的一种动画形式，本案例将制作一个逼真的火焰燃烧效果，从而带领读者学习并掌握逐帧动画的制作方法，操作思路及效果如图 3-13 所示。

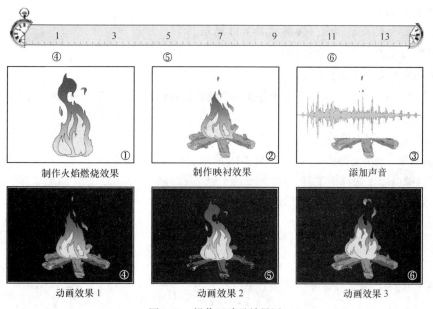

制作火焰燃烧效果　　　　制作映衬效果　　　　添加声音

动画效果 1　　　　动画效果 2　　　　动画效果 3

图 3-13　操作思路及效果图

【操作步骤】

步骤 1：布置场景。

（1）运行 Flash CS5。

（2）打开制作模板，如图 3-14 所示。

按 Ctrl + O 组合键打开素材文件"素材\第 3 章\野外篝火\野外篝火-模板.fla"。在场景中已经将木堆布置完成。

（3）新建图层，效果如图 3-15 所示。

① 连续单击 按钮新建图层。

② 重命名各个图层。

图 3-14　模板文件

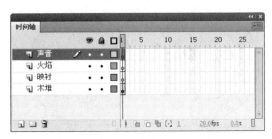

图 3-15　新建图层

步骤 2：制作火焰燃烧效果。

（1）新建元件，效果如图 3-16 所示。

① 在主菜单栏中执行【插入】/【新建元件】命令，打开【创建新元件】对话框。

② 设置元件的【类型】为"影片剪辑"。

③ 设置元件的【名称】为"燃烧的火焰"。

④ 单击 确定 按钮，创建一个影片剪辑元件，并进入元件编辑状态。

图 3-16　新建元件

（2）绘制第 1 帧火焰轮廓，效果如图 3-17 所示。

① 选中"图层 1"图层的第 1 帧。

② 按 P 键启动【钢笔】工具。

③ 在【属性】面板【填充和笔触】卷展栏中设置【笔触颜色】为"#D91B09"，【笔触】为"1"，如图 3-17 中 A 处所示。

④ 在舞台中绘制火焰轮廓。

（3）细调第 1 帧火焰轮廓，效果如图 3-18 所示。

① 按 V 键启动【选择】工具。

② 细部调整火焰轮廓，使其边缘过渡圆滑。

图 3-17　绘制第 1 帧火焰轮廓

图 3-18　细调火焰轮廓

火焰是由内焰和外焰组成的。无论火有多大，它在燃烧的过程中都会受到气流强弱
的影响而显现出不规则的运动，但它们都有一个基本运动的规律：那就是扩张、收缩、
摇晃、上升、下收、分离、消失。

（4）填充内焰，效果如图 3-19 所示。

① 按 ■ 键启用【填充】工具。

② 设置填充颜色为"#FFFF00"。

③ 填充内焰区域颜色。

（5）填充外焰，效果如图 3-20 所示。

① 在【颜色】面板设置颜色【类型】为"线性渐变"。

② 设置色块颜色。

③ 填充外焰区域颜色。

④ 按 ■ 键启动【渐变变形】工具。

⑤ 调整渐变形状。

图 3-19　填充内焰

图 3-20　填充外焰

（6）制作第 3 帧的火焰效果，如图 3-21 所示。

① 选择"图层 1"图层的第 3 帧，按 ■ 键插入一个空白关键帧。

② 按照第 1 帧制作火焰的方法，绘制第 3 帧的火焰。

（7）用同样的方法制作第 5 帧、第 7 帧、第 9 帧和第 11 帧的火焰效果如图 3-22 所示。此时
的【时间轴】面板如图 3-23 所示。

第 5 帧　　　　　第 7 帧　　　　　第 9 帧　　　　　第 11 帧

图 3-21　制作第 3 帧的火焰效果　　　　　图 3-22　制作其他帧的火焰效果

（8）布置火焰，效果如图 3-24 所示。

① 单击 按钮，退出元件编辑返回主场景。

② 选中"火焰"图层的第 1 帧。

③ 在主菜单栏中选择【窗口】/【库】命令，打开【库】面板。

④ 将名为"燃烧的火焰"的影片剪辑元件拖入到舞台上。

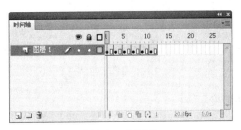

图 3-23 时间轴

图 3-24 布置火焰

步骤 3：制作火焰的映衬效果。

（1）复制帧，效果如图 3-25 所示。

① 选中"木堆"图层的第 1 帧。

② 按 Ctrl + Alt + C 组合键复制选中的帧。

③ 选中"映衬"图层的第 1 帧。

④ 按 Ctrl + Alt + V 组合键复制帧。

⑤ 锁定"木堆"图层和"火焰"图层。

（2）打散元件，效果如图 3-26 所示。

① 选中"映衬"图层的第 1 帧。

② 连续按两次 Ctrl + B 组合键将当前的元件打散。

③ 在【颜色】面板设置当前元件的【填充颜色】和【笔触颜色】都为"#FFFF00"。

图 3-25 复制帧

图 3-26 打散元件

（3）转换元件，效果如图 3-27 所示。

① 按 键打开【转换为元件】对话框。

② 设置元件【类型】为"影片剪辑"、【名称】为"映衬"。

③ 单击 确定 按钮，完成转换。

④ 按 键启动【选择】工具，双击场景中的"映衬"元件，进入元件的编辑状态。

（4）制作映衬效果，如图 3-28 所示。

① 分别在"图层 1"图层的第 10 帧和第 20 帧插入关键帧。

② 选中"图层 1"图层的第 1 帧。

③ 在【颜色】面板设置【填充颜色】和【笔触颜色】的【A】值为 "0%"，如图 3-28 中 A 处所示。

④ 用同样的方法设置第 10 帧的【填充颜色】和【笔触颜色】的【A】值为 "30%"。

⑤ 设置第 20 帧的【填充颜色】和【笔触颜色】的【A】值为 "0%"。

⑥ 分别在 1 帧至 10 帧和 10 帧至 20 帧之间单击鼠标右键，在弹出的快捷菜单中选择【创建补间形状】选项创建补间形状动画。

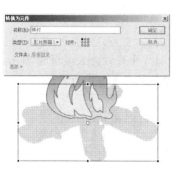

图 3-27　转换元件

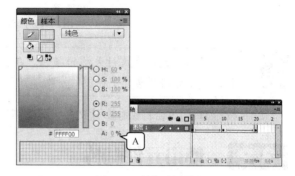

图 3-28　制作映衬效果

步骤 4：添加声音。

（1）导入声音，效果如图 3-29 所示。

① 单击◄┘按钮，退出元件编辑返回主场景。

② 执行【文件】/【导入】/【导入到库】命令，打开【导入到库】对话框。

③ 双击导入素材文件 "素材\第 3 章\野外篝火\声音\火焰燃烧的声音.mp3" 到库。

（2）添加声音，效果如图 3-30 所示。

① 选中 "声音" 图层的第 1 帧。

② 在【属性】面板【声音】卷展栏中设置声音的【名称】为 "火焰燃烧的声音.mp3"，如图 3-30 中 A 处所示。

③ 设置声音的【同步】为 "事件" 和 "循环"，如图 3-30 中 B 处所示。

图 3-29　导入声音

图 3-30　添加声音

（3）在【文档属性】面板中设置【背景颜色】为 "黑色"，如图 3-31 所示。

图 3-31　修改背景颜色

 黑色能更好地映衬火焰的颜色。在实际案例制作中应该先设置背景颜色再进行制作，由于考虑到写作中抓图的清晰性，所以最后才设置背景颜色为黑色。

（4）按 Ctrl + s 组合键保存影片文件，案例制作完成。

## 3.2　使用元件和库

元件是 Flash 动画中的重要元素，灵活地使用元件可以使开发工作达到事半功倍的效果，所以本任务首先从认识元件入手，再配合一个逐帧动画案例剖析来讲述元件这一知识点。

### 3.2.1　认识元件和库

元件是指创建一次即可以多次重复使用的图形、按钮或影片剪辑，而元件是以实例的形式来体现，库是容纳和管理元件的工具。

形象地说，元件是动画的"演员"，而实例是"演员"在舞台上的"角色"，库是容纳"演员"的"房子"，如图 3-32 所示，舞台上的图形如"草莓"、"橙子"都是元件，都存在于【库】中，如图 3-33 所示。

图 3-32　元件在舞台上的显示

图 3-33　元件和库

元件只需创建一次，就可以在当前文档或其他文档中重复使用如图 3-33 中的"草莓"和"番茄"图形。

### 3.2.2　元件和库的基本训练——制作"浪漫出游"

本案例将通过元件和库来制作一个在公路上高速行驶的汽车，从而带领读者学习并掌握元件和库的常用操作，操作思路及效果如图 3-34 所示。

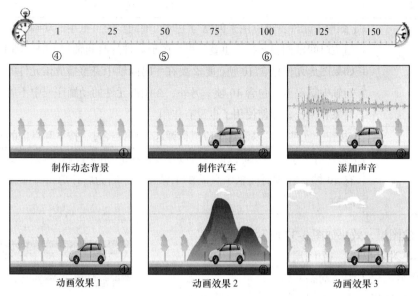

图 3-34　操作思路及效果图

**【操作步骤】**

步骤 1：制作动态背景。

（1）运行 Flash CS5 软件。

（2）打开制作模板，效果如图 3-35 所示。

按 Ctrl + O 组合键打开素材文件"素材\第 3 章\浪漫出游\浪漫出游-模板.fla"。在文档中的时间轴上已经创建了 3 个图层。

（3）新建元件，效果如图 3-36 所示。

① 在主菜单栏中选择【插入】/【新建元件】命令，打开【创建新元件】对话框。

② 设置元件的【类型】为"影片剪辑"。

③ 设置元件的【名称】为"动态背景"。

④ 单击 确定 按钮，创建一个影片剪辑元件，并进入元件编辑状态。

图 3-35　已经创建的图层

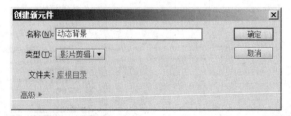

图 3-36　新建元件

元件的类型有 3 种，即【图形】元件、【按钮】元件和【影片剪辑】元件，其具体含义如表 3-2 所示。

表 3-2　　　　　　　　　　　　　　　　元件的类型和含义

| 内容 | 含　义 |
| --- | --- |
|  | 【图形】元件：可以用于创建与主时间轴同步的可重用的动画片段。图形元件与主时间轴同步运行，也就是说，图形元件的时间轴与主时间轴重叠。例如，如果图形元件包含 10 帧，那么要在主时间轴中完整播放该元件的实例，主时间轴中需要至少包含 10 帧。另外，在图形元件的动画序列中不能使用交互式对象和声音，即使使用了也没有作用 |
| | 【按钮】元件：可以创建响应鼠标弹起、指针经过、按下和点击的交互式按钮 |
| | 【影片剪辑】元件：可以创建可以重复使用的动画片段。例如，影片剪辑元件有 10 帧，在主时间轴中只需要 1 帧即可，因为影片剪辑将播放它自己的时间轴 |

（4）新建图层，效果如图 3-37 所示。

① 单击 按钮新建一个图层。

② 重命名图层 1 为"动态元件"。

③ 重命名图层 2 为"遮罩"。

（5）布置元件，效果如图 3-38 所示。

① 在主菜单栏中选择【窗口】/【库】命令，打开
【库】面板。

图 3-37　新建图层

② 选中"动态元件"图层的第 1 帧。

③ 将【库】面板中"动态背景素材"文件夹下名为"动态背景"的影片剪辑元件拖入到舞台上。

④ 在【属性】面板【位置和大小】卷展栏中设置"动态背景"元件的【X】为"58.3"、【Y】为"-55"。

图 3-38　布置元件

　　　　为了再现汽车的行驶和背景的多元化，案例中主要是通过背景的循环运动来反衬汽车的行驶，而汽车只是放置在场景中并没有向前或向后运动，如图 3-39 所示。

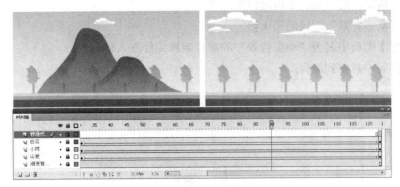

图 3-39　汽车的行驶原理

（6）制作遮罩元件，效果如图 3-40 所示。

① 选中"遮罩"图层的第 1 帧。

② 按▣键启动【矩形】工具。

③ 设置【笔触颜色】为"无"，【填充颜色】为"#00CBFF"。

④ 在舞台上绘制一个矩形。

⑤ 在【属性】面板【位置和大小】卷展栏中设置矩形的【宽度】为"600"、【高度】为"300"和【X】为"-600"、【Y】为"-150"。

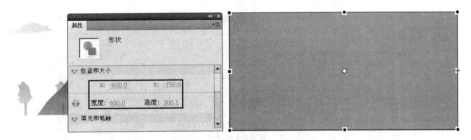

图 3-40　制作遮罩元件

⑥ 右击"遮罩"图层，在弹出的菜单命令中选择【遮罩层】命令，将"遮罩"层转换为遮罩层，如图 3-41 所示。

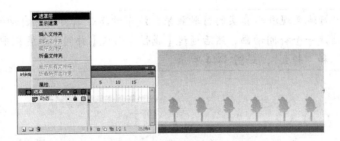

图 3-41　转换遮罩层

提示

在此添加遮罩效果，是为了控制元件的显示内容，避免在进行多层、多元件操作时显示的内容过多而带来操作上的混乱。

（7）在主场景中布置动态背景，效果如图 3-42 所示。

① 单击 按钮，退出元件编辑返回主场景。

② 选中"动态背景"图层的第 1 帧。

③ 将【库】面板中名为"动态背景"的影片剪辑元件拖入舞台。

④ 将元件居中对齐到舞台。

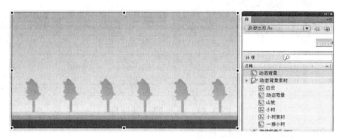

图 3-42　在主场景中布置动态背景

步骤 2：添加汽车，效果如图 3-43 所示。

（1）单击"汽车"图层的第 1 帧。

（2）将【库】面板中"汽车素材"文件夹下名为"汽车"的影片剪辑元件拖入舞台。

（3）在【属性】面板【位置和大小】卷展栏中设置元件的【宽度】为"180"，【高度】为"67.5"，【X】为"295"，【Y】为"200"。

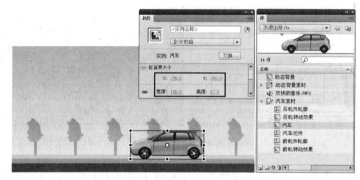

图 3-43　在主场景中布置动态背景

为了更好地表现汽车真实的行驶效果，汽车的车轮需要设置自动的旋转效果。其制作方法是先创建一个补间动画，然后通过【属性】面板【补间】卷展栏中设置补间的【旋转】的"形式"和"转数"，如图 3-44 所示。

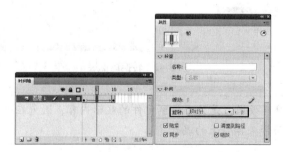

图 3-44　设置自动旋转动画

步骤 3：添加声音，效果如图 3-45 所示。

（1）单击"背景音乐"图层的第 1 帧。

（2）在【属性】面板的【声音】卷展栏中设置声音的【名称】为"欢快的音乐.MP3"，如图 3-45 中 A 处所示。

（3）设置声音的【同步】为"事件"和"循环"，如图 3-45 中 B 处所示。

步骤 4：按 Ctrl + S 组合键保存影片文件，案例制作完成。

图 3-45　添加音乐

### 3.2.3　元件和库的提高应用——制作"神秘舞者"

在动画制作中，人物的动画制作要求较为细腻，一般都需要使用逐帧动画来制作，本案例将使用逐帧动画来制作一个"神秘舞者"的动画效果，其制作思路及效果如图 3-46 所示。

图 3-46　效果图

【操作步骤】

步骤 1：制作背景。

（1）运行 Flash CS5 软件。

（2）新建一个 Flash 文档。

（3）设置文档属性，效果如图 3-47 所示。

① 设置文档【尺寸】为"425px×360px"。

② 设置【帧频】为"12fps"，其他属性使用默认参数。

（4）导入背景图片，效果如图 3-48 所示。

① 将默认图层重命名为"背景"。

② 执行【文件】/【导入】/【导入到舞台】命令，打开【导入】对话框。

③ 双击导入素材文件"素材\第 3 章\神秘舞者\背景.jpg"到舞台。

④ 将图片居中对齐到舞台。

图 3-47　设置文档属性

图 3-48　导入背景图片

步骤 2：制作逐帧动画。

（1）新建元件，效果如图 3-49 所示。

① 按 [Ctrl] + [F8] 组合键打开【创建新元件】对话框。

② 在【创建新元件】对话框设置【名称】为"神秘舞者"。

图 3-49　新建元件

③ 设置【类型】为"影片剪辑"。

④ 单击 [确定] 按钮进入元件的编辑模式。

（2）绘制第 1 帧处的人物形状，效果如图 3-50 所示。

① 将默认图层重命名为"舞者"。

② 选中第 1 帧，在舞台上绘制人物形状。

（3）绘制第 2 帧处的人物形状，效果如图 3-51 所示。

① 选中"舞者"图层的第 2 帧。

② 按 [F6] 键插入一个关键帧。

③ 调整人物形状。

图 3-50　绘制第 1 帧处的人物形状

图 3-51　绘制第 2 帧处的人物形状

　　　　通常情况下，Flash 在舞台中一次显示动画序列的一个帧。为了方便用户定位和编辑逐帧动画，单击时间轴面板上的【绘图纸外观】 按钮可以在舞台中一次查看两个或多个帧。如图 3-52 所示播放头下面的帧用全彩色显示，其余的帧是用半透明状显示。

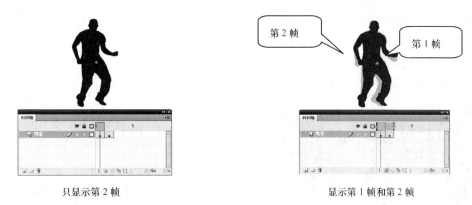

只显示第 2 帧　　　　　　　　　　　　　　显示第 1 帧和第 2 帧

图 3-52　使用绘图纸外观功能

（4）用同样的方法分别调整第 3 帧～第 8 帧的人物形状如图 3-53 所示，制作完成后的【时间轴】状态如图 3-54 所示。

第 3 帧　　　　第 4 帧　　　　第 5 帧　　　　第 6 帧　　　　第 7 帧　　　　第 8 帧

图 3-53　其他帧的人物形状

图 3-54　【时间轴】状态

（5）单击 ⿰场景 1 按钮，退出元件编辑模式返回主场景。

（6）调整"神秘舞者"元件的位置，效果如图 3-55 所示。

① 单击 □ 按钮新建一个图层。

② 重命名图层为"舞者"。

③ 选中"舞者"图层的第 1 帧。

④ 将【库】面板中名为"神秘舞者"元件拖入到舞台。

⑤ 在【属性】面板【位置和大小】卷展栏中设置【X】为"214.1"，【Y】为"135.9"。

提示　　如读者尚不能完成人物动作绘制，可执行【文件】/【导入】/【打开外部库】命令，将素材文件中的"素材\第 3 章\神秘舞者\人物动作.fla"文件打开，然后将外部库面板中名为"人物动作"的【影片剪辑】元件拖入到舞台并居中到舞台，即可完成人物动作的制作。

步骤 3：制作倒影效果。

（1）新建图层，效果如图 3-56 所示。

① 连续单击 按钮新建两个图层。

② 重命名各个图层。

图 3-55  调整"神秘舞者"元件的位置

图 3-56  新建图层

（2）绘制矩形，效果如图 3-57 所示。

① 按 键启动【矩形】工具。

② 在【颜色】面板设置【笔触颜色】为"无"。

③ 设置【填充颜色】为"线性渐变"。

④ 从左至右设置第 1 个色块为"黑色"，第 2 个色块："白色"且其【Alpha】参数为"0%"。

⑤ 在"倒影效果"图层上绘制一个矩形。

⑥ 在【属性】面板【位置和大小】卷展栏中设置【X】为"115"，【Y】为"255"，【宽度】为"200"，【高度】为"60"。

图 3-57  绘制矩形

（3）调整渐变颜色，效果如图 3-58 所示。

① 按 键启动【渐变变形】工具。

② 调整矩形的填充渐变色为从上到下逐渐变淡。

（4）制作倒立舞者的效果，如图 3-59 所示。

① 选中"舞者"图层的第 1 帧。

② 按 Ctrl + Alt + C 组合键【复制帧】。

③ 选中"倒立舞者"图层的第 1 帧。

④ 按 Ctrl + Alt + V 组合键【粘贴帧】。

⑤ 选中"倒立舞者"图层的"神秘舞者"元件。

⑥ 在【变形】面板中设置【水平倾斜】为"180°",【垂直倾斜】为"0°"。

图 3-58　调整渐变颜色

图 3-59　制作倒立舞者的效果

（5）调整翻转后的元件使其顶部与矩形的顶部对齐，效果如图 3-60 所示。

（6）制作遮罩效果，如图 3-61 所示。

① 选中"倒立舞者"图层。

② 单击鼠标右键，在弹出的快捷菜单中选择"遮罩层"命令。

图 3-60　调整倒影舞者的位置

图 3-61　制作遮罩效果

步骤 4：按 Ctrl + S 组合键保存影片文件，案例制作完成。

## 3.3 综合应用——制作"跳楼促销"

随着网络的飞速发展，网络促销已经成为产品促销的常用手段，本案例将制作一个显示器产品促销的网络动画，从而带领读者进一步学习并掌握逐帧动画的制作方法，操作思路及效果如图 3-62 所示。

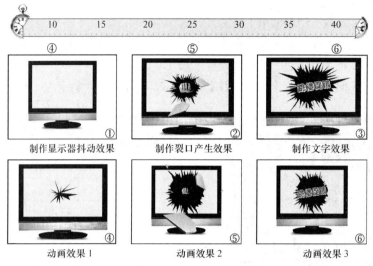

图 3-62　操作思路及效果图

**【操作步骤】**

步骤 1：布置场景。

（1）运行 Flash CS5 软件。

（2）新建一个 Flash 文档。

（3）设置【文档属性】，效果如图 3-63 所示。

（4）新建图层，效果如图 3-64 所示。

① 连续单击回按钮新建图层。

② 重命名各个图层。

图 3-63　设置文档参数

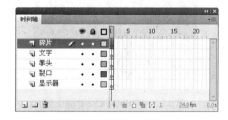

图 3-64　新建图层

步骤 2：制作显示器抖动效果。

（1）导入图片，效果如图 3-65 所示。

① 选中"显示器"图层的第 1 帧。

② 执行【文件】/【导入】/【导入到舞台】命令，打开【导入】对话框。

③ 双击导入素材文件"素材\第 3 章\跳楼促销\图片\显示器.jpg"到舞台。

④ 将图片居中对齐到舞台。

（2）将图片转换为元件，效果如图 3-66 所示。

① 选中场景中的图片，按 键打开【转换元件】对话框。

② 设置元件的类型和名称。

③ 单击 确定 按钮，完成转换。

图 3-65　导入图片

图 3-66　将图片转换为元件

（3）制作抖动效果，如图 3-67 所示。

① 在"显示器"图层的第 2 帧插入一个关键帧，将图片向下移动 12 像素。

② 在第 3 帧插入一个关键帧，将图片向上和向左移动 6 像素。

③ 在第 4 帧插入一个关键帧，将图片向上和向右移动 12 像素。

④ 在第 5 帧插入一个关键帧，将图片向左移动 6 像素。

（4）复制帧，效果如图 3-68 所示。

① 复制"显示器"图层的第 1 帧～第 5 帧。

② 分别在第 6 帧、第 15 帧和第 20 帧粘贴帧。

③ 在第 70 帧插入一个普通帧。

图 3-67　制作抖动效果

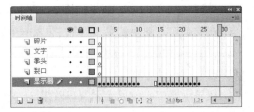

图 3-68　复制帧

步骤 3：制作裂口效果。

（1）绘制裂口形状 1，效果如图 3-69 所示。

① 在"裂口"图层的第 2 帧插入一个关键帧。

② 按 键启动【钢笔】工具。

③ 在显示器中心位置绘制一个简单的裂口效果，设置【填充颜色】为"黑色"。

④ 将绘制的形状转换为名为"裂口效果 1"的图形元件。

（2）制作放大效果，如图 3-70 所示。

① 在"裂口"图层的第 3 帧插入一个关键帧。

② 按 Ctrl + T 组合键打开【变形】面板，设置【变形大小】为"130%"。

③ 在第 4 帧插入一个关键帧，设置【变形大小】为"160%"。

④ 在第 5 帧插入一个关键帧，设置【变形大小】为"190%"。

⑤ 在第 10 帧插入一个关键帧，设置【变形大小】为"400%"。

⑥ 在第 14 帧插入一个关键帧，设置【变形大小】为"300%"。

⑦ 分别在第 5 帧～第 10 帧和第 10 帧～第 14 帧创建传统补间动画。

图 3-69　绘制裂口形状 1

图 3-70　制作放大效果

（3）制作抖动效果，如图 3-71 所示。

① 在"裂口"图层的第 15 帧，插入一个关键帧，将图片向下移动 12 像素。

② 在第 16 帧插入一个关键帧，将裂口向上和向左移动 6 像素。

③ 在第 17 帧插入一个关键帧，将裂口向上和向右移动 12 像素。

④ 在第 18 帧插入一个关键帧，将裂口向左移动 6 像素。

⑤ 在第 19 帧插入一个关键帧，设置【变形大小】为"450%"。

⑥ 在第 20 帧插入一个关键帧，设置【变形大小】为"600%"。

（4）绘制裂口形状 2，效果如图 3-72 所示。

① 在"裂口"图层的第 21 帧，插入一个空白关键帧。

② 在第 24 帧插入一个空白关键帧。

③ 按 键启动【钢笔】工具。

④ 在显示器中心位置绘制裂口效果 2。

⑤ 将绘制的形状转换为名为"裂口效果 2"的图形元件。

图 3-71　制作抖动效果

图 3-72　绘制裂口形状 2

（5）制作放大效果，如图 3-73 所示。

① 在第 28 帧插入一个关键帧，设置【变形大小】为"240%"。

② 在第 31 帧插入一个关键帧，设置【变形大小】为"200%"。

③ 分别在第 5 帧~第 10 帧、第 10 帧~第 14 帧创建传统补间动画。

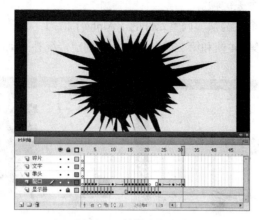

图 3-73　制作放大效果

（6）制作抖动效果，如图 3-74 所示。

① 在第 32 帧插入一个关键帧，设置【变形大小】为"230%"。

② 在第 33 帧插入一个关键帧，设置【变形大小】为"200%"。

③ 在第 34 帧插入一个关键帧，设置【变形大小】为"225%"。

④ 在第 35 帧插入一个关键帧，设置【变形大小】为"200%"。

⑤ 在第 36 帧插入一个关键帧，设置【变形大小】为"220%"。

⑥ 在第 37 帧插入一个关键帧，设置【变形大小】为"200%"。

⑦ 在第 38 帧插入一个关键帧，设置【变形大小】为"215%"。

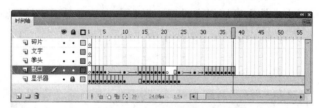

图 3-74　制作抖动效果

步骤 4：制作拳头打击效果。

（1）导入"拳头"图片，效果如图 3-75 所示。

① 在"拳头"图层的第 16 帧插入一个关键帧。

② 执行【文件】/【导入】/【导入到舞台】命令，打开【导入】对话框。

③ 双击导入素材文件"素材\第 3 章\跳楼促销\图片\拳头.png"到舞台。

④ 将图片转换为名为"拳头"的图形元件。

⑤ 将元件放置在显示器中心位置。

（2）制作拳击效果，如图 3-76 所示。

① 按 [Ctrl]+[T] 组合键打开【变形】面板，调整第 16 帧的拳头的【变形大小】为"30%"。

② 在第 17 帧插入一个关键帧，设置【变形大小】为"60%"、【旋转】为"-15°"。

③ 在第 18 帧插入一个关键帧，设置【变形大小】为"90%"、【旋转】为"-30°"。

④ 在第 19 帧插入一个关键帧。

⑤ 在第 20 帧插入一个关键帧，设置【变形大小】为"0%"、【旋转】为"0°"。

⑥ 在第 29 帧插入一个关键帧。

⑦ 在第 36 帧插入一个关键帧，调整元件的【Alpha】值为"0%"。

⑧ 分别在第 19 帧~第 24 帧和第 29 帧~第 36 帧创建传统补间动画。

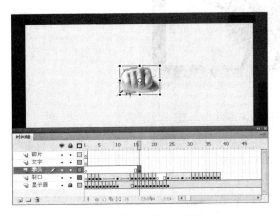

图 3-75　导入"拳头"图片

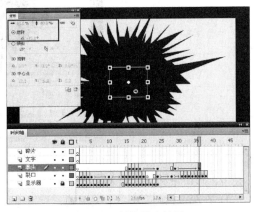

图 3-76　制作拳击效果

步骤 5：制作文字效果。

（1）创建文字，效果如图 3-77 所示。

① 在"文字"图层的第 38 帧插入一个关键帧。

② 按键启动【文本】工具。

③ 在舞台上输入文字："跳楼促销"，如图 3-77 中 A 处所示。

④ 在【属性】面板【字符】卷展栏中设置【系列】为"文鼎霹雳体"（读者可以设置为自己喜欢的字体或者自行购买外部字体库）、【大小】为"50"、【颜色】为"红色"，如图 3-77 中 B 处所示。

图 3-77　创建文字

（2）制作文字的描边效果，如图 3-78 所示。

① 在【属性】面板【滤镜】卷展栏中添加【渐变发光】属性。

② 设置【渐变发光】的参数，如图 3-78 中 A 处所示。

③ 在【属性】面板【滤镜】卷展栏中添加【发光】属性。

④ 设置【发光】的参数，如图 3-78 中 B 处所示。

⑤ 在【变形】面板中设置【旋转】为 "–8°"。

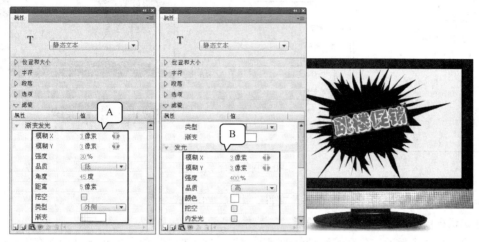

图 3-78  制作文字的描边效果

（3）制作文字抖动效果，如图 3-79 所示。

① 在 "裂口" 图层的第 70 帧插入一个普通帧。

② 在 "文字" 图层的第 39 帧插入一个关键帧，将文字向下移动 6 像素。

③ 复制 "文字" 图层的第 38 帧和 39 帧。

④ 分别在第 40 帧、第 42 帧和第 44 帧粘贴帧。

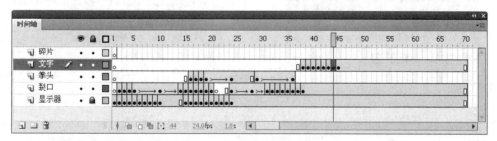

图 3-79  制作文字抖动效果

（4）制作碎片飞出效果，如图 3-80 所示。

① 在 "碎片" 图层的第 40 帧插入一个普通帧。

② 在 "碎片" 图层的第 17 帧插入一个空白关键帧。

③ 执行【文件】/【导入】/【打开外部库】菜单命令，打开【作为库打开】对话框。

④ 双击打开素材文件 "素材\第 3 章\跳楼促销\外部库\碎片.fla"。

⑤ 将【外部库】面板中的名为 "碎片" 的图形元件拖入舞台。

⑥ 在【属性】面板【位置和大小】卷展栏中设置【X】为 "362"、【Y】为 "180"。

⑦ 在【属性】面板【循环】卷展栏中设置【选项】为 "播放一次"、【第 1 帧】为 "1"。

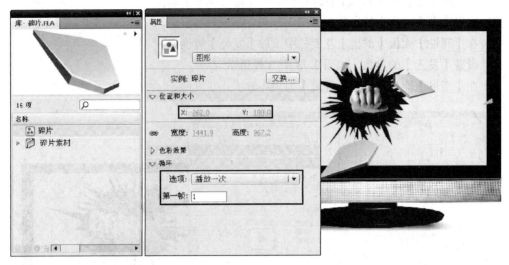

图 3-80　制作碎片飞出效果

步骤 6：按 ![Ctrl]+[S] 组合键保存影片文件，案例制作完成。

【知识拓展】——使用绘图纸功能

绘图纸是一个帮助定位和编辑动画的辅助功能，这个功能对制作逐帧动画特别有用。通常情况下，Flash 在舞台中一次只能显示动画序列的单个帧。使用绘图纸功能后，就可以在舞台中一次查看两个或多个帧。

【操作步骤】

（1）在舞台上制作一个长方形从左上方移动到右下方的动画，如图 3-81 所示。

（2）在【绘图纸】按钮区域按下 按钮，观察舞台上显示的图形，如图 3-82 所示。

图 3-81　制作一段简单的动画　　　　　　　图 3-82　启动【绘图纸外观】按钮

　　　　该功能对逐帧动画很有用，例如在第 5 帧画了一个动作，接下来要在第 10 帧画一个动作，打开 按钮就可以与第 5 帧进行对比，从而完成绘制操作，如图 3-52 所示。

（3）在【绘图纸】按钮区域按下 按钮，观察舞台上显示的图形，如图 3-83 所示。

（4）在【绘图纸】按钮区域按下 按钮，可以同时编辑多个帧上对象的状态，如图 3-84 所示。

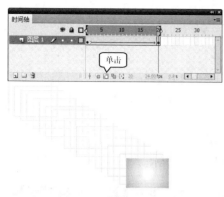

图 3-83　启动绘图纸外观轮廓按钮　　　　　　　图 3-84　启动编辑多个帧按钮

（5）在【绘图纸】按钮区域按下 ![] 按钮，弹出下拉菜单，如图 3-85 所示，具体的功能如表 3-3 所示。

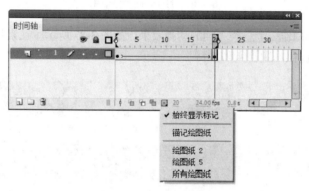

图 3-85　启动总是显示标记按钮

表 3-3　　　　　　　　　　　　始终显示标记中的下拉菜单

| 选项 | 功　　　能 |
| --- | --- |
| 锚记绘图纸 | 选择该命令后无论播放头指针如何改变，显示的范围都将保持不变 |
| 绘图纸 2 | 选择该命令后在当前帧两侧各显示 2 帧 |
| 绘图纸 5 | 选择该命令后在当前帧两侧各显示 5 帧 |
| 所有绘图纸 | 选择该命令后显示当前帧两侧的所有帧 |

# 小　　结

本章重点介绍了逐帧动画的概念及其制作方法，帮助读者进一步理解动画制作原理。然后介绍了元件与库的基本知识，让读者加深对制作动画的流程和技巧的理解，并掌握一些基础的理论知识，例如影片剪辑和图形元件的区别及其在使用上有何不同。读者除了学习本章的知识点外，还需要多练习、多思考，从中总结知识点，归纳经验。

# 思考与练习

1. Flash 中的帧分为哪几类？它们各自的定义是什么？
2. 思考 Flash 中逐帧动画的原理。
3. 元件主要包括哪几种类型？
4. 影片剪辑元件和图形元件有哪些区别？举例说明。
5. 使用逐帧动画制作一个倒计时的动画效果，如图 3-86 所示。

图 3-86　倒计时的动画效果

6. 使用逐帧动画制作一个鸟类飞翔的动画效果，如图 3-87 所示（在素材文件"素材\第 3 章\鸟类飞翔"文件夹中提供本题目所需素材）。

图 3-87　飞翔效果

# 第4章

# 制作补间形状动画

补间形状动画是 Flash 的重要动画形式，通过在两个关键帧之间创建补间形状动画可以轻松实现两关键帧之间的图形过渡效果。补间形状动画还有一个非常有用的辅助功能——形状提示，灵活应用这一功能可以制作出优秀的动画作品。

【教学目标】
- 掌握补间形状动画的制作原理。
- 掌握补间形状动画的创建方法。
- 掌握形状提示的使用方法。
- 掌握使用补间形状动画进行动画制作的技巧。

## 4.1 制作补间形状动画

Flash CS5 软件有补间动画、补间形状和传统补间这 3 类补间形式。补间形状动画是动画制作中一种常用的动画制作方法，它可以补间形状的位置、大小和颜色等，使用补间形状可以制作出千变万化的动画效果。

### 4.1.1 补间形状动画制作原理

补间形状动画是指在两个或两个以上的关键帧之间对形状进行补间，从而创建出一个形状随着时间变化变成另一个形状的动画效果。

补间形状动画可以实现两个矢量图形之间颜色、形状、位置的变化，如图 4-1 所示。

 补间形状动画只能对矢量图形进行补间，要对组、实例或位图图像应用补间形状，首先必须分离这些元素。

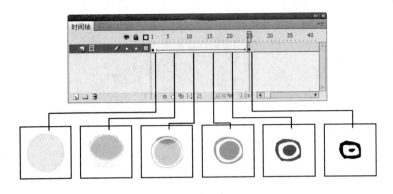

图 4-1　补间形状动画原理

Flash CS5 的【属性】面板随选定的对象不同而发生相应的变化。当建立了一个补间形状动画后，单击时间轴，其【属性】面板如图 4-2 所示。

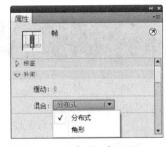

图 4-2　【属性】面板

在【补间】选项栏中经常使用的选项如下。

（1）【缓动】参数。

在【缓动】参数中输入相应的数值，补间形状动画则会随之发生相应的变化。

① 其值在-100～0 时，动画变化的速度从慢到快。

② 其值在 0～100 时，动画变化的速度从快到慢。

③ 缓动为 0 时，补间帧之间的变化速率是不变的。

（2）【混合】下拉列表框。

在【混合】下拉列表框中包含"角形"和"分布式"两个参数。

① "角形"是指创建的动画中间形状会保留有明显的角和直线，这种模式适合于具有锐化转角和直线的混合形状。

② "分布式"是指创建的动画中间形状比较平滑和不规则。

## 4.1.2　补间形状动画基本练习训练——制作"LOGO 设计"

本案例将通过制作一个常见的 LOGO 动画，从而带领读者初步认识形状变形的使用方法，操作思路及效果，如图 4-3 所示。

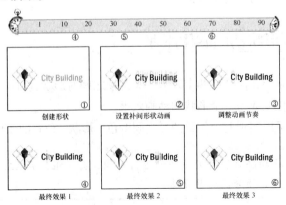

图 4-3　操作思路及效果图

【操作步骤】

步骤 1：书写文字。

（1）运行 Flash CS5 软件。

（2）打开制作模板，效果如图 4-4 所示。

按 Ctrl + o 组合键打开素材文件"素材\第 4 章\LOGO 设计\LOGO 设计-模板.fla"。在舞台上已放置了 LOGO 标志。

（3）新建图层，效果如图 4-5 所示。

① 单击 按钮新建图层。

② 重命名图层。

③ 单击"文字"图层的第 1 帧。

图 4-4　打开制作模板　　　　　　　　　　　　图 4-5　新建图层

（4）书写文字，效果如图 4-6 所示。

① 按 T 键启动【文字】工具。

② 设置文字属性（位置和大小不作设置）。

③ 在舞台空白处单击，键入字母"City Building"。

图 4-6　书写文字

④ 锁定"文字"图层，如图 4-7 所示。

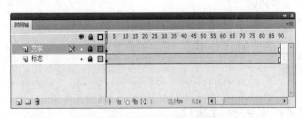

图 4-7　锁定"文字"图层

步骤 2：制作文字变形。

（1）复制文字，效果如图 4-8 所示。

① 单击"文字"图层的第 1 帧。

② 按 Ctrl + Alt + c 组合键复制关键帧。

③ 单击 按钮新建图层。

④ 选择新建图层的第 1 帧。

⑤ 按 Ctrl + Alt + v 组合键粘贴关键帧。

（2）将文字分散到各图层，效果如图 4-9 所示。

① 选择舞台上复制所得文字。

② 按一次 Ctrl + B 组合键分离文字。

③ 在分离所得文字上单击鼠标右键。

④ 在弹出的快捷菜单中选择"分散到图层"。

⑤ 删除空的"文字"图层。

图 4-8　复制文字

图 4-9　将文字分散到各图层

对一组字符进行一次分离会得到与此组字符对应的单个字符，对单个字符进行一次分离会得到与此字符对应的形状。因此读者在使用 Ctrl + B 组合键对字符进行分离时，一定要注意所按次数。

（3）制作变形所需形状，效果如图 4-10 所示。

① 选中图层"C"到图层"g"上的文字。

② 按一次 Ctrl + B 组合键分离文字。

③ 设置颜色值为"#999999"。

（4）为形状图层添加关键帧，效果如图 4-11 所示。

① 选中"C"到"g"图层的第 15 帧。

② 按 F6 键添加关键帧。

（5）制作形状变形。

① 按 Ctrl + T 组合键打开【变形】窗口。

② 按图 4-12 所示设置形状变形。

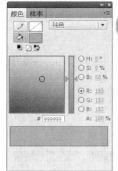

图 4-10　制作变形所需形状　　　　　图 4-11　为形状图层添加关键帧

③ 按  组合键打开【颜色】窗口。

④ 按图 4-13 所示设置颜色透明度。

图 4-12　设置形状变形　　　　　　　图 4-13　设置颜色透明度

　　在将字母 "u" 与字母 "n" 的高度调至 "300%" 后发现变形高度与其他不一致，读者可使用【任意变形】工具手动调整。

颜色透明度关系到文字拉伸效果的明显程度，读者可以自行调整。

（6）为形状变形添加补间形状，效果如图 4-14 所示。

① 在 "C" 图层两关键帧之间单击鼠标右键。

② 在弹出的快捷菜单中选择 "创建补间形状"。

③ 使用相同方法为其他图层创建补间形状动画。

图 4-14　为形状变形添加补间形状

步骤 3：调整动画节奏。

（1）为动画添加缓动效果，效果如图 4-15 所示。

① 在 "C" 图层的形变区域上单击鼠标左键。

② 在【属性】面板中设置缓动值为："100"。

③ 使用相同方法为其他补间形状添加缓动效果

（2）设置各图层的动画顺序，效果如图 4-16 所示。

① 选中 "C" 图层的第 1 帧～第 15 帧。

② 按住鼠标左键将所选区域向后拖动 5 帧。

③ 使用相同方法将 "i" 图层的补间区域向后移动 10 帧。

④ 将其他图层的补间区域向后移动并逐一累加 5 帧。

图 4-15 为动画添加缓动效果

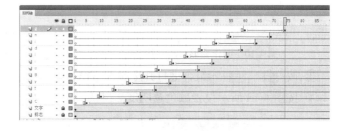

图 4-16 设置各图层的动画顺序

在添加缓动时，可按住 Ctrl 键同时选中所有的补间形状，在【属性】面板中调节缓动值。

步骤 4：按 Ctrl + s 组合键保存影片文件，案例制作完成。

## 4.1.3 补间形状动画提高应用——制作 "美丽的宇宙"

本案例将通过制作物体摇摆的动画，从而带领读者学习掌握补间形状动画的制作技巧，操作思路及效果如图 4-17 所示。

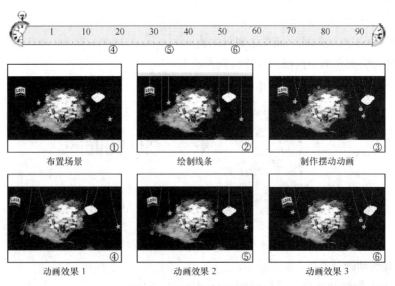

① 布置场景　　② 绘制线条　　③ 制作摆动动画

④ 动画效果 1　　⑤ 动画效果 2　　⑥ 动画效果 3

图 4-17 操作思路及效果图

**【操作步骤】**

步骤 1：创建动画所需图形元件。

（1）运行 Flash CS5 软件。

（2）打开制作模板，效果如图 4-18 所示。

按 [Ctrl]+[O] 组合键打开素材文件"素材\第 4 章\美丽的宇宙\美丽的宇宙-模板.fla"。在舞台上已放置背景元件。

（3）新建图层，效果如图 4-19 所示。

① 连续单击□按钮新建图层。

② 重命名各个图层。

图 4-18　打开制作模板

图 4-19　新建图层

（4）布置舞台，效果如图 4-20 所示。

① 按 [Ctrl]+[L] 组合键打开【库】面板。

② 将"元件"文件夹中的各元件放置到相应的图层中。

③ 调整各元件在舞台上的位置。

图 4-20　布置舞台

（5）为"LOVE"绘制麻绳，效果如图 4-21 所示。

① 按 [N] 键启用【线条】工具。

② 设置线条属性。

③ 单击"LOVE"图层的第一帧。

④ 绘制线条。

（6）创建"LOVE-动画"图形元件，效果如图 4-22 所示。

① 单击"LOVE"图层的第一帧。

② 按 键打开【转换为元件】对话框。

③ 设置元件名称及属性。

图 4-21  为"LOVE"绘制麻绳

图 4-22  创建"LOVE-动画"图形元件

**提示**  绘制线条时请按住 Shift 键，以保证绘制出的线条为直线。所绘制的线条应多出背景一小段，并能够与元件（如 LOVE）很好地连接上。

（7）为其他元件创建图形元件，效果如图 4-23 所示。

① 使用相同方法为舞台上其他元件创建图形元件。

② 将所有图形元件拖放到"动画"文件夹中。

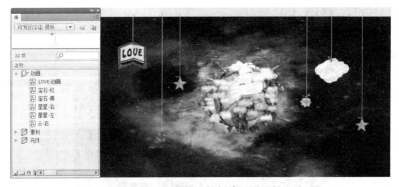

图 4-23  为其他元件创建图形元件

**提示**  各图形元件中都应有且只有一条线段与元件相连，因此在为某个元件绘制线条时，最后选中与此元件对应的图层。

步骤 2：制作"LOVE"元件的摆动动画。

（1）设置"LOVE-动画"图形元件，效果如图 4-24 所示。

① 双击舞台上的"LOVE-动画"图形元件进入元件编辑状态。

② 在第 64 帧处插入帧。

③ 单击 按钮新建图层。

④ 将"麻绳"剪切至新建的图层中。

⑤ 重命名各个图层。

⑥ 在两图层的第 17 帧、第 32 帧、第 45 帧和第 64 帧处插入关键帧。

⑦ 移动时间滑块至第 17 帧。

（2）设置"LOVE"元件的左摆位置，效果如图 4-25 所示。

① 按 Q 键启用【任意变形】工具。

② 对"LOVE"元件进行移动和旋转操作。

③ 按 V 键启用【选择】工具。

④ 对"麻绳"进行变形操作。

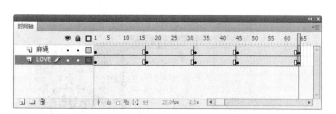

图 4-24　设置"LOVE-动画"图形元件　　　　图 4-25　设置"LOVE"元件的左摆位置

**提示**　　　　在对"麻绳"进行变形操作时，鼠标指针放置在线段的底端，可对底端进行移动，鼠标指针放置在线段的两端之间，可对线段进行弯曲。

线段变形前后的长度应尽量一致，使摆动更为可信。

（3）设置"LOVE"元件的左摆动画，效果如图 4-26 所示。

① 为"麻绳"图层的第 1 帧到第 17 帧添加补间形状动画。

② 为"LOVE"图层的第 1 帧到第 17 帧添加传统补间动画。

③ 分别为两补间设置缓动值为"100"。

图 4-26　设置"LOVE"元件的左摆动画

**提示**　　　　物体向上摆动时，速度会越来越慢，因此需添加"100"的缓动值。

在制作动画时，务必多参考现实世界中同类物品的运动规律，如此作出的动画才更具可信度。动画需要一定的夸张，但必须符合真实的规律。

（4）设置"LOVE"元件的回摆动画，效果如图 4-27 所示。

① 在两图层的第 19 帧处添加关键帧。

② 为"麻绳"图层的第 19 帧到第 32 帧添加补间形状动画。

③ 为"LOVE"图层的第 19 帧到第 32 帧添加传统补间动画。

④ 分别为两补间设置缓动值为"-100"。

（5）设置"LOVE"元件的右摆位置，效果如图 4-28 所示。

① 移动时间滑块至第 45 帧。

② 对"LOVE"元件进行移动和旋转操作。

③ 为"LOVE"图层的第 32 帧到第 45 帧添加传统补间。

④ 为此补间设置缓动值为"100"。

图 4-27　设置"LOVE"元件的回摆动画

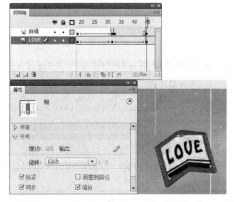

图 4-28　设置"LOVE"元件的右摆位置

（6）设置"麻绳"右摆的预备变形，效果如图 4-29 所示。

① 在"麻绳"图层的第 33 帧处插入关键帧。

② 对"麻绳"进行变形操作。

（7）设置"麻绳"的右摆变形，效果如图 4-30 所示。

① 移动时间滑块至第 45 帧。

② 对"麻绳"进行变形操作。

③ 为"麻绳"图层的第 33 帧到第 45 帧添加补间形状动画。

④ 为此补间设置缓动值为"100"。

图 4-29　设置"麻绳"右摆的预备变形

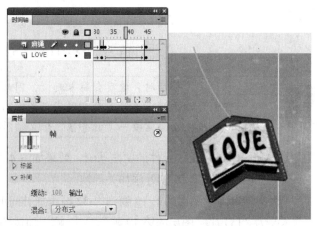

图 4-30　设置"麻绳"的右摆变形

为"麻绳"设置预备变形是为了使麻绳的右摆变形能顺利完成，若直接以竖直线向右变形，其变形过程为出现错误。当然也可以通过添加"形状提示点"来避免错误的出现，读者可在完成下一节（形状提示点动画）内容的学习后，使用"形状提示点"来制作。

（8）设置"LOVE"元件的回摆动画，效果如图 4-31 所示。

① 在两图层的第 47 帧处插入关键帧。

② 为"LOVE"图层的第 47 帧到第 64 帧添加传统补间动画。

③ 为此补间设置缓动值为"-100"。

④ 将"麻绳"图层的第 33 帧粘贴至第 63 帧。

⑤ 右键单击"麻绳"图层的第 63 帧。

⑥ 在弹出的快捷菜单中选择"删除补间"命令。

⑦ 为"麻绳"图层的第 47 帧到第 63 帧添加补间形状。

⑧ 为此补间设置缓动值为"-100"。

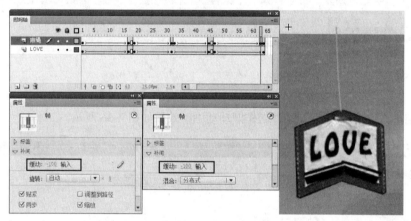

图 4-31　设置"LOVE"元件的回摆动画

在对"麻绳"进行变形时，务必保证其底端与"LOVE"元件的顶端能够很好的连接，使动画更为完美。

读者在制作过程中会发现，上摆使用的时间比下落使用的时间长，这是为了更为真实地模拟现实世界的摆动效果，使节奏更为合理。

步骤 3：制作其他元件的摆动动画。

（1）使用相同方法为"宝石-红"元件制作摆动动画，效果如图 4-32 所示。

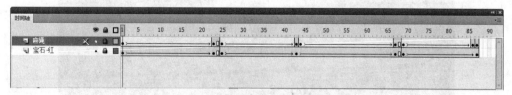

图 4-32　为"宝石-红"元件制作摆动动画

（2）使用相同方法为"宝石-黄"元件制作摆动动画，效果如图 4-33 所示。

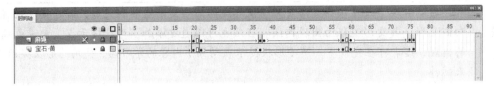

图 4-33　为"宝石-黄"元件制作摆动动画

（3）使用相同方法为"星星"元件制作左侧的摆动动画，效果如图 4-34 所示。

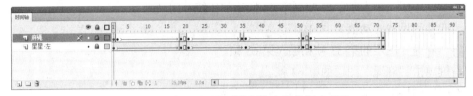

图 4-34　为"星星"元件制作左侧的摆动动画

（4）使用相同方法为"星星"元件制作右侧的摆动动画，效果如图 4-35 所示。

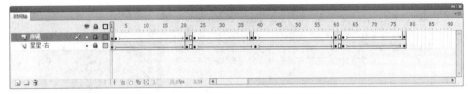

图 4-35　为"星星"元件制作右侧的摆动动画

（5）使用相同方法为"云"元件制作摆动动画，效果如图 4-36 所示。

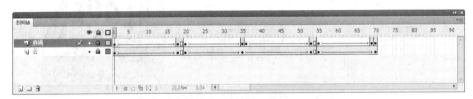

图 4-36　为"云"元件制作摆动动画

（6）最终的动画效果如图 4-37 所示。

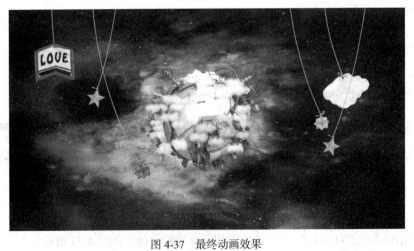

图 4-37　最终动画效果

为使画面更为生动有趣，在为各个元件制作动画时，要根据它们各自"麻绳"的
长度来确定摆动频率及幅度。

步骤 4：按 Ctrl + S 组合键保存影片文件，案例制作完成。

## 4.2　制作形状提示动画

当用补间形状动画制作一些较为复杂的变形动画时，常常会使画面变得混乱，根本达不到用
户想要的变化过程，这时就需要使用形状提示点来进行控制。

### 4.2.1　形状提示点原理

复杂的形状变形过程会使软件无法正确识别（以用户想要的效果为基准）形状上的关键点，
而形状提示点则可以标记这些关键点，以弥补此缺陷。

正如图 4-38 中所示，用户需要"1"右下角过渡到"2"的右上角，可使用形状提示点将这两
个关键点进行对应。

图 4-38　使用形状提示

如图 4-39 所示，为未添加形状提示点的变化过程，经过观察可以清楚地了解形状提示点的功
能和原理，即形状提示点用于识别起始形状和结束形状中相对应的点，并用字母 a 到 z 来区分各
自所要对应的关键点。

图 4-39　未使用形状提示

### 4.2.2　形状提示动画基本训练——制作"动物大变身"

在很多的动画中，都可以看到一些物体大变身的效果，其原理很简单，本例将使用补间形状
动画来制作一个动物大变身的效果，如图 4-40 所示。

【操作步骤】
步骤 1：布置场景元素。
（1）运行 Flash CS5。

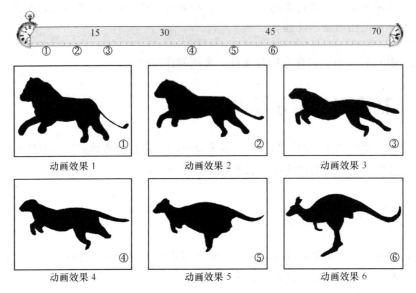

图 4-40　操作思路及效果图

（2）打开制作模板，效果如图 4-41 所示。

按 [Ctrl]+[O] 组合键打开素材文件"素材\第 4 章\动物大变身\动物大变身-模板.fla"。本文档的【库】中已提供本案例所需的素材。

（3）布置"狮子"元件，效果如图 4-42 所示。

① 选中"图层 1"的第 1 帧。

② 将【库】面板中名为"狮子"的图形元件拖曳到舞台中。

③ 在【属性】面板【位置和大小】卷展栏设置【X】为"129.95"，【Y】为"116.45"。

④ 选中舞台上的"狮子"元件，按 [Ctrl]+[B] 组合键打散元件。

图 4-41　打开制作模板

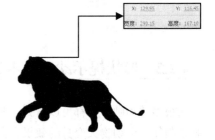

图 4-42　布置"狮子"元件

（4）布置"豹子"元件，效果如图 4-43 所示。

① 选中图层 1 的第 15 帧。

② 按 键插入一个空白关键帧。

③ 将【库】面板中名为"豹子"的图形元件拖曳到舞台中。

④ 在【属性】面板【位置和大小】卷展栏设置【X】为"143.65",【Y】为"143.5"。

⑤ 选中舞台上的"豹子"元件,按 + 组合键打散元件。

(5)布置"袋鼠"元件,效果如图 4-44 所示。

① 选中图层 1 的第 30 帧。

② 按 键插入关键帧。

③ 选中图层 1 的第 45 帧。

④ 按 键插入一个空白关键帧。

⑤ 将【库】面板中名为"袋鼠"的图形元件拖曳到舞台。

⑥ 在【属性】面板【位置和大小】卷展栏设置【X】为"133.25",【Y】为"124.55"。

⑦ 选中舞台上的"袋鼠"元件,按 + 组合键打散元件。

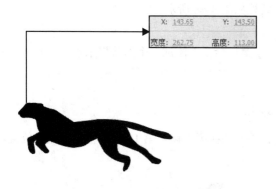

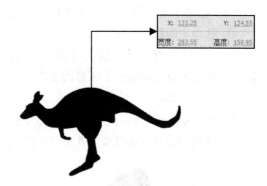

图 4-43  布置"豹子"元件　　　　　图 4-44  布置"袋鼠"元件

(6)插入帧,效果如图 4-45 所示。

① 选中图层 1 的第 70 帧。

② 按 键插入一个帧。

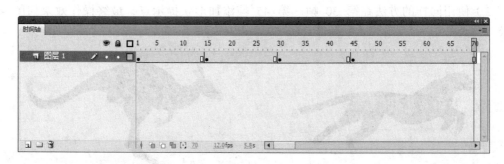

图 4-45  插入帧

步骤 2:制作补间形状动画。

(1)创建第 1 帧~第 15 帧的补间形状动画,效果如图 4-46 所示。

① 右击"图层 1"的第 1 帧。

② 在弹出的快捷菜单中选择【创建补间形状】选项。

(2)使用同样的方法在第 30 帧~第 45 帧创建补间形状动画,最终时间轴如图 4-47 所示。

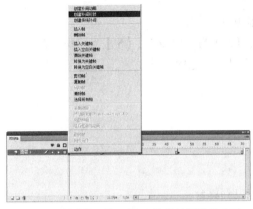

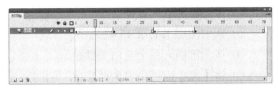

图 4-46　创建第 1 帧～第 15 帧的补间形状动画　　　　图 4-47　创建第 30 帧～第 45 帧的补间形状动画

步骤 3：添加形状提示点。

（1）在第 1 帧～第 15 帧添加形状提示点，效果如图 4-48 所示。

① 选中"图层 1"的第 1 帧。

② 执行【修改】/【形状】/【添加形状提示】菜单命令，添加一个形状提示点。

③ 将提示点拖动到狮子图形的嘴部。

④ 选中"图层 1"的第 15 帧。

⑤ 将提示点拖动到豹子图形的嘴部并使它变为绿色。

⑥ 使用同样的方法再添加 4 个形状提示点，并分别在第 1 帧～第 15 帧调整提示点的位置。

图 4-48　在第 1 帧～第 15 帧添加形状提示点

（2）使用同样的方法在第 30 帧～第 45 帧添加形状提示点，最终操作效果如图 4-49 所示。

图 4-49　在第 30 帧～第 45 帧添加形状提示点

　　　　　按逆时针顺序从形状的左上角开始放置形状提示，它们的工作效果最好。添加的
　　　　形状提示不应太多，但应将每个形状提示放置在合适的位置上。

步骤 4：按 Ctrl + s 组合键保存影片文件，案例制作完成。

### 4.2.3 形状提示动画提高应用——制作"旋转的三棱锥"

本例将使用形状提示点动画来制作一个旋转的三棱锥效果,如图 4-50 所示。

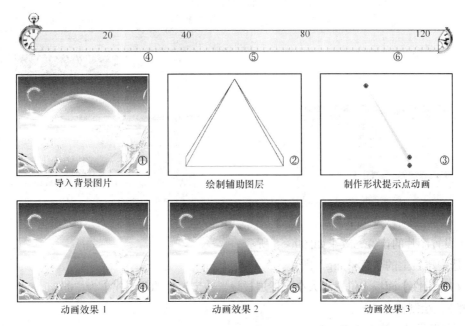

导入背景图片 绘制辅助图层 制作形状提示点动画

动画效果 1 动画效果 2 动画效果 3

图 4-50 操作思路及效果图

【操作步骤】

步骤 1:导入背景图片。

(1)运行 Flash CS5 软件。

(2)新建一个 Flash 文档。

(3)设置【文档属性】如图 4-51 所示。

(4)新建图层,效果如图 4-52 所示。

① 连续单击 按钮新建图层。

② 重命名各个图层。

图 4-51 设置文档参数

图 4-52 新建图层

(5)锁定图层,效果如图 4-53 所示。

① 锁定除"背景"以外的图层。

② 单击"背景"图层的第 1 帧。

（6）导入背景图片，效果如图 4-54 所示。

① 执行【文件】/【导入】/【导入到舞台】命令，打开【导入】对话框。

② 双击素材文件"素材\第 4 章\旋转的三棱锥\背景.jpg"导入到舞台中。

图 4-53　锁定图层

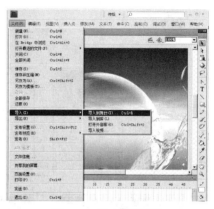

图 4-54　导入背景图片

（7）设置图片的位置，效果如图 4-55 所示。

① 选中舞台上的"背景.jpg"图片。

② 在【属性】面板【位置和大小】卷展栏设置【X】为"0"，【Y】为"0"。

步骤 2：绘制辅助图形。

（1）隐藏图层，效果如图 4-56 所示。

① 隐藏"背景"图层。

② 锁定除"辅助"以外的图层。

图 4-55　设置图片的位置

图 4-56　隐藏图层

（2）设置工具属性，效果如图 4-57 所示。

① 单击▢按钮右下角处的三角形图标，在弹出的下拉菜单中单击◯按钮启用【多角星形】工具。

② 在【属性】面板【填充和笔触】卷展栏中设置【笔触颜色】为"黑色"，【填充颜色】为"无"，【笔触】为"1"。

③ 在【属性】面板【工具设置】卷展栏中单击 选项... 按钮，打开【多边形设置】对话框。

④ 在【多边形设置】对话框中设置【边数】为"3"。

⑤ 单击 确定 按钮。

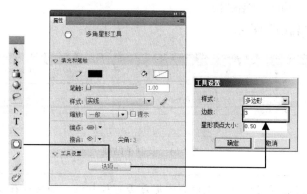

图 4-57　工具设置

（3）绘制三角形，效果如图 4-58 所示。

① 按 [Shift] 键在"辅助"图层上绘制一个三角形。

② 在【属性】面板【位置和大小】卷展栏中设置【宽度】为"242.9"，【高度】为"213"，【X】为"153.6"，【Y】为"93.5"。

（4）绘制其他线，效果如图 4-59 所示。

① 按 [N] 键启用【线条】工具。

② 在三角形右边绘制两条边作为三棱锥的侧边。

　　　　　在绘制两条边时，注意线段需要两两相交，为后面填充图形和对齐图形做好准备。

（5）复制线条，效果如图 4-60 所示。

① 选中绘制的两条边。

② 按 [Ctrl]+[T] 组合键打开【变形】面板。

③ 在【变形】面板上单击 [中] 按钮复制两条边。

④ 设置【倾斜】栏中的参数。

⑤ 然后在舞台上单击复制后的两条边，水平移动到三角形的左侧。

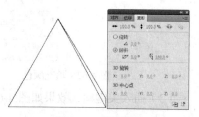

图 4-58　绘制三角形　　　　　图 4-59　绘制其他线　　　　　图 4-60　复制线条

（6）复制粘贴帧，效果如图 4-61 所示。

① 选中所有图层的第 120 帧。

② 按 [F6] 键插入帧。

③ 选中"辅助"图层的第 1 帧。

④ 按 [Ctrl]+[Alt]+[C] 组合键复制第 1 帧。

⑤ 选择"第一面"图层的第 1 帧。

⑥ 按 [Ctrl] + [Alt] + [V] 组合键粘贴帧。

⑦ 锁定并隐藏"辅助"图层。

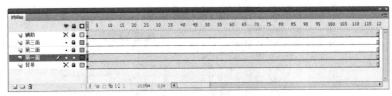

图 4-61　复制粘贴帧

在复制当前帧图形前，先检查图形是否都被打散，如果存在没有打散的图形，需要先将图形打散后才进行复制操作，这样才能实现后期操作中分离图的效果。

步骤 3：制作"第一面"图层上的动画。

（1）填充颜色，效果如图 4-62 所示。

① 选择"第一面"图层上的图形，将多余的线条删除，只保留正面三角形的轮廓。

② 按 [ ] 键启用【填充】工具。

③ 在颜色面板设置【类型】："线性渐变"。

④ 设置色块颜色并填充三角形。

⑤ 按 [ ] 键启用【渐变变形】工具。

⑥ 调整渐变形状。

（2）删除三角形的轮廓，只保留填充区域，最终操作效果如图 4-63 所示。

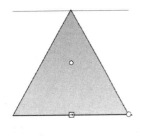

图 4-62　填充颜色

图 4-63　删除轮廓线

（3）插入关键帧，效果如图 4-64 所示。

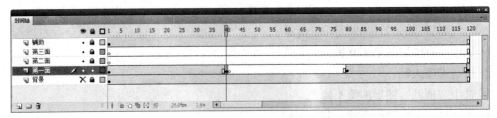

图 4-64　插入关键帧

① 在"第一面"图层的第 40、80、120 帧处分别按 F6 插入关键帧。

② 在第 41 帧处按 F7 插入一个空白关键帧。

③ 取消隐藏"辅助"图层。

（4）设置各帧处图形的形状，效果如图 4-65 所示。

① 在"第一面"层中选中第 40 帧处的图形。

② 在舞台上调整图形的形状。

③ 在"第一面"层中选中第 80 帧处的图形。

④ 在舞台上调整图形的形状。

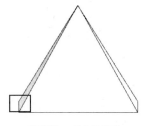
调整第 40 帧处的图形

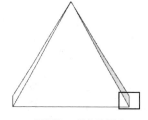
调整第 80 帧处的图形

图 4-65 调整各帧处图形的形状

（5）创建补间形状动画，效果如图 4-66 所示。

① 隐藏"辅助"图层。

② 分别为"第一面"层中的第 1 帧～第 40 帧、第 80 帧～第 120 帧创建补间形状动画。

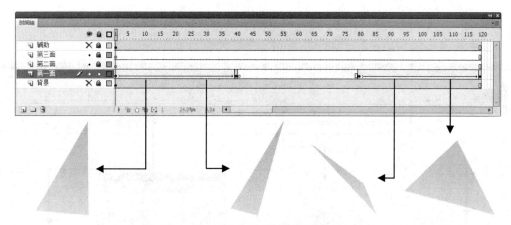

图 4-66 创建补间形状动画

提示　　　细心的读者应该已经发现，第 1 帧到第 40 帧和变形符合需要的动画效果，而第 80 帧到第 120 帧的变形是不符合需要的动画效果，这就需要添加形状提示点，让变形的效果达到这里需要的动画效果。

步骤 4：添加形状提示点。

（1）添加第 80 帧处的形状提示点，效果如图 4-67 所示。

① 选中"第 1 面"图层的第 80 帧。

② 执行【修改】/【形状】/【添加形状提示】命令。

③ 为图形添加 3 个形状提示点。

④ 调整 3 个形状提示点的位置。

（2）设置第 120 帧处的形状提示点，效果如图 4-68 所示。

① 选中第 120 帧。

② 调整 3 个形状提示点的位置。

图 4-67　添加第 80 帧处的形状提示点　　　　图 4-68　添加第 120 帧处的形状提示点

至此，"第一面"图层上的动画制作完成。

　　在这里添加形状提示点时，一定要将"b"放到上面的顶点处，这样变形才是动画需要的变形效果，读者可以试一试其他的分布顺序，并观察它们的变形效果有何不同。

制作"第二面"图层上的动画和"第一面"图层上的动画相似，这里给出相关信息，如图 4-69 所示。

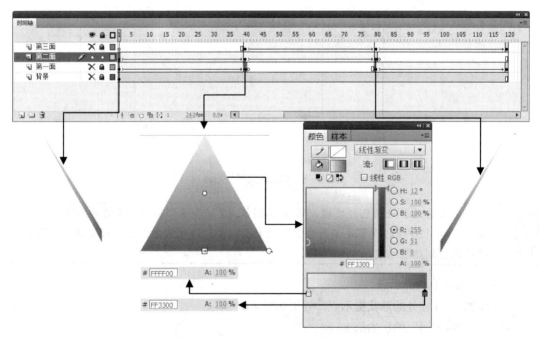

图 4-69　"第二面"图层上的相关信息

制作"第三面"图层上的动画也和"第一面"图层上的动画相似，这里给出相关信息，如图 4-70 所示。

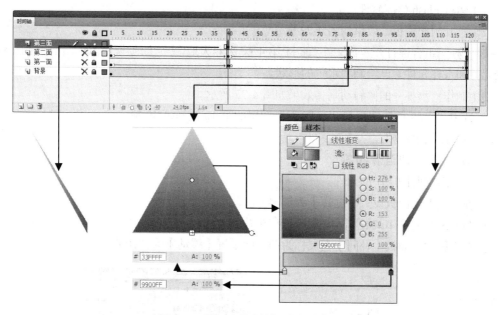

图 4-70　"第三面"图层上的相关信息

步骤 5：按 Ctrl + S 组合键保存影片文件，案例制作完成。

## 4.3　综合应用——制作"滋养大地"

本案例将模拟水从杯中流出，渗入干旱的大地，使得花草重现的过程，使读者掌握变形动画应用方法，并拓展制作思路，操作思路及效果如图 4-71 所示。

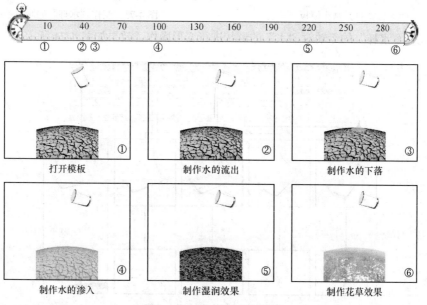

图 4-71　操作思路及效果图

**【操作步骤】**

步骤 1：制作水流动画。

（1）运行 Flash CS5 软件。

（2）打开制作模板，效果如图 4-72 所示。

按 Ctrl+O 组合键打开素材文件"素材\第 4 章\滋养大地\滋养大地-模板.fla"。在舞台上已放置背景元件和水杯元件。已绘制"水"的形状。

（3）制作"水杯"的倾斜动画，效果如图 4-73 所示。

① 选中"水杯-前"图层与"水杯-后"图层的第 10 帧和第 40 帧。

② 按 F6 添加关键帧。

③ 移动时间滑块至第 40 帧。

④ 同时选中两图层中的元件。

⑤ 在【变形】面板设置【旋转】为"-45"。

⑥ 为两图层的第 10 帧到第 40 帧添加传统补间动画。

⑦ 在【属性】面板【补间】卷展栏为两补间设置【缓动】为"100"。

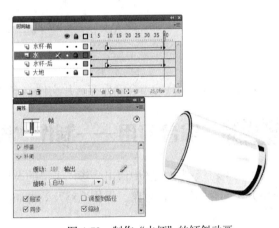

图 4-72　打开制作模板　　　　　　　　图 4-73　制作"水杯"的倾斜动画

（4）配合"水杯"的运动对"水"的形状进行变形操作，效果如图 4-74 所示。

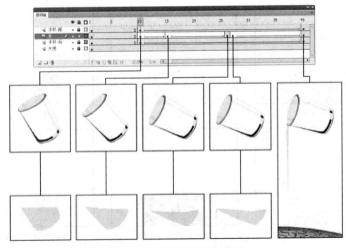

图 4-74　制作水的倾出动画

"水"图层中制作的是水的形变动画，因此采用的补间类型为"补间形状"，其他图层中采用的补间类型都是"传统补间"。

在制作补间形状动画时，务必一步一步地进行。以制作水的倾出为例，要先确定第 15 帧的形状，再确定第 26 帧的形状，依次操作，不可先将第 40 帧的形状确立后，再确定中间几帧的形状。

读者在对形状进行变形时，切忌过多的操作，不要让形状变得复杂，要用尽量少的变形操作出尽量简单的形状。

补间形状动画的制作存在许多不定因素，需要灵活运用，读者在制作水的倾出动画时，可能会得到与图中所示不尽相同的时间轴效果，请不必担心，只要按照规律制作出正确的动画便可。

（5）制作水的流出动画，效果如图 4-75 所示。

① 单击"水"图层的第 41 帧。

② 按 键添加关键帧。

③ 按 键启用【选择】工具。

④ 对"水"进行变形操作。

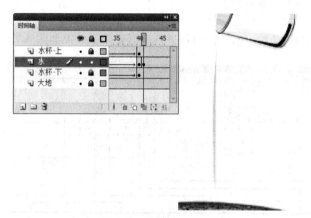

图 4-75　制作水的流出动画

在进行变形操作时，必须将水杯中的"水"与下落中的"水"断开，以便后面单独对流出的"水"进行变形操作。

（6）创建"水-下落"图层，效果如图 4-76 所示。

① 选中"水"图层。

② 单击 按钮新建图层。

③ 重命名图层为"水-下落"。

④ 为"水-下落"图层的第 41 帧添加关键帧。

（7）为"水-下落"图层添加形状，效果如图 4-77 所示。

① 选中下落部分的"水"。

② 按 Ctrl + 组合键剪切。

③ 单击"水-下落"图层的第 41 帧。

④ 按 Ctrl + Shift + V 组合键粘贴至当前位置。

⑤ 关闭"水"图层的可视性可观察到粘贴结果。

⑥ 打开"水"图层的可视性。

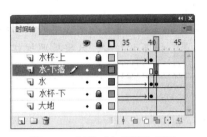

图 4-76  创建"水-下落"图层

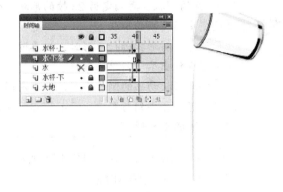

图 4-77  为"水-下落"图层添加形状

提示

若要对单个形状创建补间形状动画，最好将此形状置于一个单独的图层中，否则在变形过程中会有出错的可能。

（8）配合"水杯"的运动对"水"的形状进行变形操作，效果如图 4-78 所示。

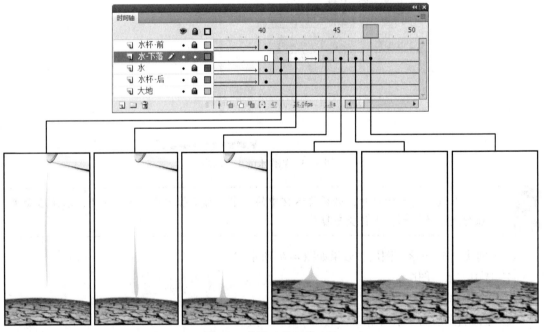

图 4-78  制作水的下落动画

提示

在制作本段变形动画时，请尽量少地对形状上部操作，可先将"水滴"向下移动至合适位置，再从形状的下部开始变形，操作出需要的形状。

（9）制作水的扩散动画，效果如图 4-79 所示。

① 为"水-下落"图层的第 85 帧添加关键帧。

② 对"水"进行变形操作。

③ 为"水-下落"图层的第 47 帧到第 85 帧添加补间形状动画。

（10）制作水的渗入动画，效果如图 4-80 所示。

① 为"水-下落"图层的第 100 帧添加关键帧。

② 单击"水-下落"图层的第 150 帧。

③ 选中"水"形状。

④ 在【颜色】面板设置【Alpha】："0"。

⑤ 为"水-下落"图层的第 100 帧～第 150 帧添加补间形状。

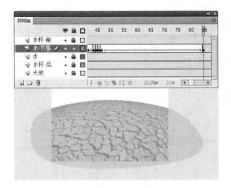

图 4-79　制作水的扩散动画

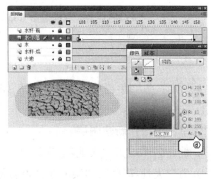

图 4-80　制作水的渗入动画

步骤 2：制作大地的绿化。

（1）创建"大地-湿润"图层，效果如图 4-81 所示。

① 选中"大地"图层。

② 单击 按钮新建图层。

③ 重命名图层为"大地-湿润"。

④ 为"大地-湿润"图层的第 180 帧添加关键帧。

⑤ 将【库】面板"元件"文件夹中的"大地-湿润"元件拖曳到舞台中。

⑥ 在【属性】面板【位置和大小】卷展栏设置【X】为"-0.55"，【Y】为"488.90"。

图 4-81　创建"大地-湿润"图层

（2）制作大地湿润过程，效果如图 4-82 所示。

① 为"大地-湿润"图层的第 230 帧添加关键帧。

② 单击"大地-湿润"图层的第 180 帧。

③ 选中"大地-湿润"元件。

④ 在【属性】面板【色彩效果】卷展栏设置【样式】为"Alpha"。

⑤ 设置【Alpha】为"0"。

⑥ 为"大地-湿润"图层的第 180 帧～第 230 帧添加传统补间。

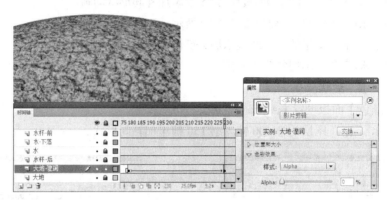

图 4-82　制作大地湿润过程

（3）创建"大地-花草"图层，效果如图 4-83 所示。

① 选中"大地-湿润"图层。

② 单击 ▢ 按钮新建图层。

③ 重命名图层为"大地-花草"。

④ 为"大地-花草"图层的第 260 帧添加关键帧。

⑤ 将【库】面板"元件"文件夹中的"大地-花草"元件拖曳到舞台中。

⑥ 在【属性】面板【位置和大小】卷展栏设置【X】为"-0.45"，【Y】为"480"。

图 4-83　创建"大地-花草"图层

（4）制作大地绿化过程，效果如图 4-84 所示。

① 为"大地-花草"图层的第 310 帧添加关键帧。

② 单击"大地-花草"图层的第 260 帧。

③ 选中"大地-花草"元件。

④ 在【属性】面板【色彩效果】卷展栏设置【样式】为"Alpha"。

⑤ 设置【Alpha】为"0"。

⑥ 为"大地-湿润"图层的第 260 帧～第 310 帧添加传统补间。

步骤 3：按 Ctrl + S 组合键保存影片文件，案例制作完成。

**【知识拓展】——形状提示点的应用技巧**

读者在使用形状提示点制作动画时，一定会遇到许多问题，也许你认为这是软件的缺陷，但事实上形状提示点在使用过程中有许多技巧，掌握这些技巧可以规避许多问题，让动画制作更得心应手，心情畅快。

图 4-84　制作大地绿化过程

形状提示点的应用技巧如下。

- 形状提示点的添加并不是越多越好，假若 2 个提示点够用，请不要添加第 3 个。
- 形状提示点需放置在形状的关键部位，也就是说，要事先想好变形过程，清楚关键点的对应。
- 在复杂的补间形状中，需要先创建中间形状再进行补间，而不要只定义起始和结束的形状。
- 确保形状提示是符合逻辑的。

例如，如果在一个三角形中使用 3 个形状提示，则在原始三角形和要补间的三角形中它们的顺序必须相同。它们的顺序不能在第一个关键帧中是 abc，而在第二个关键帧中是 acb。

- 如果按逆时针顺序从形状的左上角开始放置形状提示，它们的工作效果最好。
- 除为关键点添加形状提示点外，适当地为形状边缘添加提示点有时会得到意想不到的效果，如图 4-85 所示，提示点 d 使得形变能顺利进行。

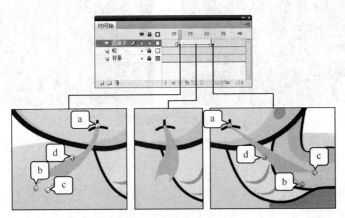

图 4-85　形状提示点添加技巧

 形状提示点的使用效果与形状本身存在莫大关系，用于变形的形状需尽量简单，绘制形状时，点的安排要尽量规则。

# 小　结

补间形状动画是在 Flash 的时间帧面板上，在一个关键帧上绘制一个形状，然后在另一个关键帧上更改该形状或绘制另一个形状等，Flash 将自动根据二者之间的帧的值或形状来创建的动画，它可以实现两个图形之间颜色、形状、大小、位置的相互变化。请读者在学习完本章内容后积极加强课后练习以巩固所学知识。

## 思考与练习

1. 补间形状动画的主要应用对象是什么？

2. 使用补间形状动画制作如图 4-86 所示的变心效果。

图 4-86　变心效果

3. 使用性质补间动画制作一个简单的雨滴效果，如图 4-87 所示。

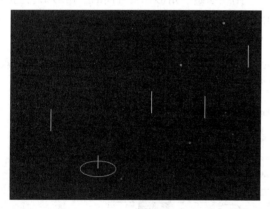 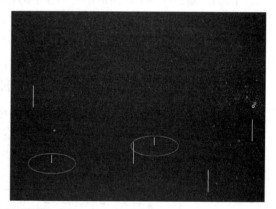

图 4-87　雨滴效果

# 第5章
# 制作传统补间动画

传统补间动画是 Flash 的重要动画形式之一，通过在两个关键帧之间创建传统补间动画可以轻松实现两元件的动画过渡效果。传统补间动画作为 Flash 以前版本的主要动画制作工具，几乎可被用来实现任何一种动画效果。

【教学目标】
- 掌握传统补间动画的原理。
- 掌握传统补间动画创建方法。
- 掌握传统补间动画制作动画的技巧。

## 5.1  传统补间动画

传统补间在 Flash 动画应用中比较广泛，如果运用恰当，传统补间动画就可以制作出各种漂亮的动画效果，本任务将从传统补间动画的原理开始讲解，然后搭配相关的案例向读者讲述传统补间动画的制作过程。

### 5.1.1  传统补间动画原理

传统补间动画是指在两个或两个以上的关键帧之间对元件进行补间的动画，使一个元件随着时间变化其颜色、位置、旋转等属性，如图 5-1 所示。

传统补间动画只能对元件进行补间，如果对非元件的对象进行传统补间动画时，软件将自动将其转化为元件。

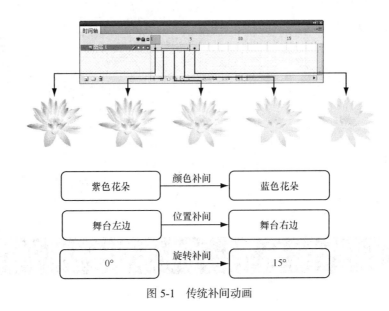

图 5-1　传统补间动画

## 5.1.2　传统补间动画基本训练——制作"庆祝生日快乐"

本例将使用传统补间动画来制作一个庆祝生日的贺卡，操作思路及效果如图 5-2 所示。

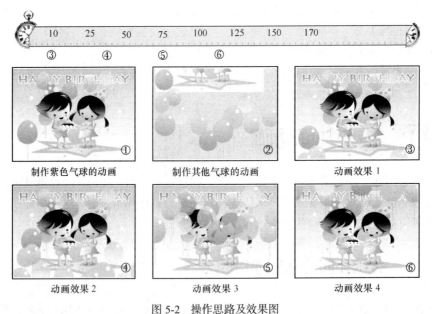

图 5-2　操作思路及效果图

【操作步骤】

步骤 1：制作紫色气球的动画。

（1）运行 Flash CS5 软件。

（2）打开制作模板，效果如图 5-3 所示。

按 Ctrl + O 组合键打开素材文件"素材\第 5 章\庆祝生日快乐\庆祝生日快乐-模板.fla"。在文档中的时间轴上已经创建 1 个"背景"图层，图层上的元素已经设置完成。本文档的【库】中已提供本案例所需的素材。

图 5-3　打开制作模板

（3）新建图层，效果如图 5-4 所示。

① 连续单击 按钮新建 12 个图层。

② 重命名各个图层。

③ 锁定除"紫色"以外的图层。

④ 选中"紫色"图层的第 1 帧。

（4）设置第 1 帧处紫色气球的效果，如图 5-5 所示。

① 选择"紫色"层第 1 帧，然后将【库】面板中名为"紫色"的影片剪辑元件拖曳到舞台。

② 在【属性】面板【位置和大小】卷展栏中设置【X】为"-2.25"，【Y】为"283.95"，【宽度】为"93.6"，【高度】为"218.3"。

③ 在【色彩效果】卷展栏中设置【样式】为"Alpha"，【Alpha】为"80%"。

图 5-4　打开制作模板

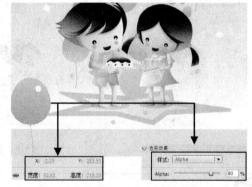

图 5-5　设置第 1 帧处紫色气球的效果

（5）设置第 150 帧处紫色气球的效果，如图 5-6 所示。

① 选中"紫色"图层处的第 150 帧。

② 按 键插入关键帧。

③ 在舞台上选中"紫色"元件。

④ 在【属性】面板【位置和大小】卷展栏中设置【X】为"182.8"，【Y】为"-232.5"。

（6）在第 1 帧～第 150 帧创建传统补间动画，效果如图 5-7 所示。

① 在第 1 帧～第 150 帧的任意一帧上单击鼠标右键。

② 在弹出的快捷菜单中选择【创建传统补间】命令。

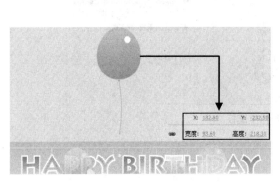
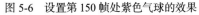

图 5-6　设置第 150 帧处紫色气球的效果

图 5-7　在第 1 帧和第 150 帧创建传统补间动画

（7）预览动画效果，在时间轴上按 Enter 键播放动画，可以观察气球上升的动画效果，如图 5-8 所示。

图 5-8　预览动画效果

　　气球绳子的摆动效果在元件中已经制作完成，有兴趣的读者可以亲自尝试一下。

步骤 2：制作其他气球元件的动画效果。

（1）布置第 1 帧处的舞台效果，如图 5-9 所示。

① 锁定"背景"和"紫色"图层，其他图层取消锁定。

② 分别将【库】面板中的气球元件拖曳到各个图层。

③ 在【属性】面板【位置和大小】卷展栏中设置各个气球元件的大小。

④ 在【色彩效果】卷展栏中设置【样式】为"Alpha"，【Alpha】为"80%"。

⑤ 在舞台上布置各个气球的位置到舞台下方。

这里布置舞台时，为了顺利创建传统动画，每个图层只能放一个气球元件，如将一个"黄色"元件放置到"黄色"图层上，依次类推，如果一个图层放置两个或两个以上的元件，动画将创建失败。

图 5-9　布置第 1 帧处的舞台效果

（2）布置第 150 帧处的舞台效果，如图 5-10 所示。

① 在"粉红"图层～"紫色 1"图层的第 150 帧处插入关键帧。

② 在舞台上布置各个气球的位置到舞台上方。

图 5-10　布置第 150 帧处的舞台效果

（3）创建传统补间动画，效果如图 5-11 所示。

① 同时选中各图层的第 1 帧和第 150 帧中的任意一帧单击鼠标右键。

② 在弹出的快捷菜单中选择【创建传统补间】命令。

图 5-11　创建传统补间动画

步骤 3：按 [Ctrl]+[S] 组合键保存影片文件，案例制作完成。

### 5.1.3 传统补间动画提高应用——制作"美丽神话"

本例将使用传统补间动画来制作一个梦幻的神话效果，操作思路及效果如图 5-12 所示。

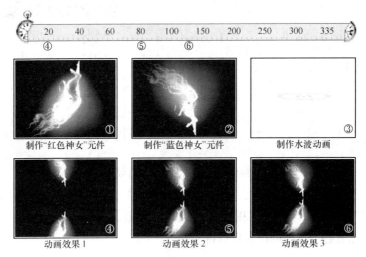

图 5-12 操作思路及效果图

**【操作步骤】**

步骤 1：制作"红色神女"元件。

（1）运行 Flash CS5。

（2）打开制作模板，效果如图 5-13 所示。

按 [Ctrl]+[O] 组合键打开素材文件"素材\第 5 章\美丽神话\美丽神话-模板.fla"。在文档中的时间轴上已经创建 4 个图层，各图层上的元素已经设置完成。本文档的【库】中已提供本案例所需的素材。

（3）创建"红色神女"元件，效果如图 5-14 所示。

① 按 [Ctrl]+[F8] 组合键打开【创建新元件】对话框。

② 在【创建新元件】对话框中设置元件【名称】为"红色神女"。

③ 设置元件【类型】为"图形"。

④ 单击 [确定] 按钮，进入元件编辑界面。

图 5-13 打开制作模板

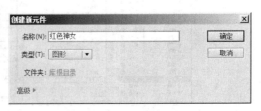

图 5-14 创建"红色神女"元件

（4）设置元件内容，效果如图 5-15 所示。

① 将【库】面板中名为"红色图片"的图片拖曳到舞台中。

② 在【对齐】面板上，单击 ▣ 和 ▣ 按钮，使图片居中对齐到舞台。

③ 在舞台上选中图片，执行【修改】/【变形】/【水平翻转】命令。

步骤 2：制作"蓝色神女"元件。

（1）创建"蓝色神女"元件，效果如图 5-16 所示。

① 按 Ctrl + F8 组合键打开【创建新元件】对话框。

② 在【创建新元件】对话框中设置元件【名称】为"蓝色神女"。

③ 设置元件【类型】为"图形"。

④ 单击 确定 按钮，进入元件编辑界面。

图 5-15　设置元件内容

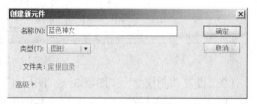

图 5-16　创建"蓝色神女"元件

（2）设置元件内容，效果如图 5-17 所示。

① 将【库】面板中名为"蓝色图片"的图片拖曳到舞台中。

② 在【对齐】面板上，单击 ▣ 和 ▣ 按钮，使图片居中对齐到舞台。

步骤 3：制作水波动画效果。

（1）创建"水波动画"元件，效果如图 5-18 所示。

① 按 Ctrl + F8 组合键打开【创建新元件】对话框。

② 在【创建新元件】对话框中设置元件【名称】为"水波动画"。

③ 设置元件【类型】为"影片剪辑"。

④ 单击 确定 按钮，进入元件编辑界面。

图 5-17　设置元件内容

图 5-18　创建"水波动画"元件

（2）制作"图层 1"的动画，效果如图 5-19 所示。

① 将【库】面板中名为"水波图案"的图形元件拖曳到舞台中，并居中对齐到舞台。

② 选中"图层 1"图层上的第 80 帧。

③ 按 F5 键插入帧。

④ 分别在第 37 帧和第 27 帧处按 F6 键插入关键帧。

⑤ 在第 1 帧处设置【变形】为"5%"。

⑥ 在第 27 帧处设置【变形】为"83.1%"。

⑦ 在第 27 帧处设置【Alpha】为"18%"。

⑧ 在第 37 帧处设置【Alpha】为"0%"。

⑨ 分别在第 1 帧和第 27 帧及第 27 帧和第 37 帧之间创建传统补间动画。

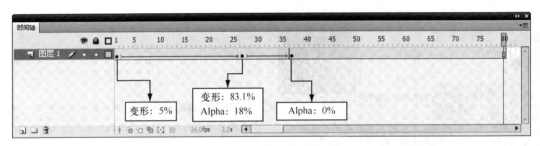

图 5-19　制作图层 1 的动画

（3）设置"图层 2"、"图层 3"、"图层 4"上的动画，效果如图 5-20 所示。

① 在图层 1 上面创建 4 个图层，分别为"图层 2"、"图层 3"、"图层 4"和"音效"。

② 按住 Shift 键同时选择图层 1 上所有关键帧，按 Ctrl + Alt + C 组合键复制关键帧。

③ 在"图层 2"图层上的第 17 帧处按 Ctrl + Alt + V 组合键粘贴关键帧。

④ 在"图层 3"图层上的第 29 帧处按 Ctrl + Alt + V 组合键粘贴关键帧。

⑤ 在"图层 4"图层上的第 44 帧处按 Ctrl + Alt + V 组合键粘贴关键帧。

⑥ 删除 80 帧后的多余帧。

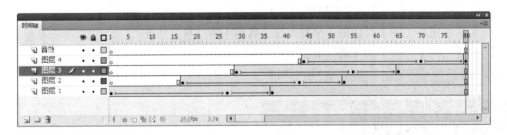

图 5-20　设置图层 2、3、4 上的动画

（4）添加音效，效果如图 5-21 所示。

① 选中"音效"图层上的第 44 帧。

② 按 F7 键插入一个空白关键帧。

③ 选中"音效"图层上的第 1 帧。

④ 在【属性】面板【声音】卷展栏中设置【名称】为"水滴声"。

⑤ 设置【同步】为"数据流"。

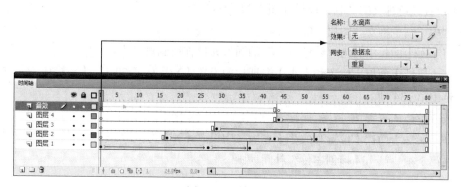

图 5-21　添加音效

步骤 4：制作场景中的动画。

（1）新建图层，效果如图 5-22 所示。

① 回到主场景中。

② 连续单击🖳按钮新建图层。

③ 重命名各个图层。

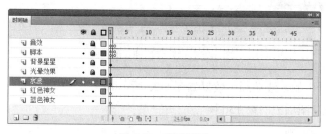

图 5-22　新建图层

（2）设置蓝色神女的动画，效果如图 5-23 所示。

① 选中"蓝色神女"图层上的第 1 帧。

② 将【库】面板中名为"蓝色神女"的图形元件拖曳到舞台中。

③ 在【属性】面板【位置和大小】卷展栏中设置【X】为"379.1"，【Y】为"66.95"。

④ 选中第 134 帧。

⑤ 按 F6 键插入关键帧。

⑥ 在【属性】面板【位置和大小】卷展栏中设置【X】为"379.1"，【Y】为"170.2"。

⑦ 在第 1 帧～第 134 帧创建传统补间动画。

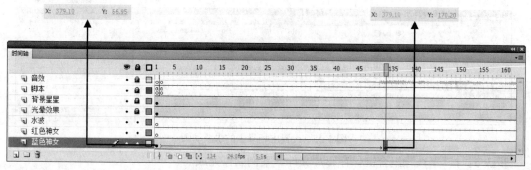

图 5-23　设置蓝色神女的动画

（3）设置红色神女的动画，效果如图 5-24 所示。

① 选中"红色神女"图层上的第 1 帧。

② 将【库】面板中名为"红色神女"的图形元件拖曳到舞台中。

③ 在【属性】面板【位置和大小】卷展栏中设置【X】为"372.5"，【Y】为"561.5"。

④ 选中第 134 帧。

⑤ 按 F6 键插入关键帧。

⑥ 在【属性】面板【位置和大小】卷展栏中设置【X】为"372.5"，【Y】为"449.4"。

⑦ 在第 1 帧～第 134 帧创建传统补间动画。

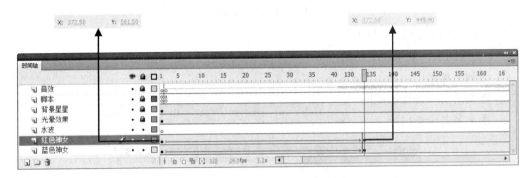

图 5-24　设置红色神女的动画

（4）设置主场景中的水波动画，效果如图 5-25 所示。

① 选中"水波"图层上的第 136 帧。

② 按 F6 键插入关键帧。

③ 将【库】面板中名为"水波动画"的影片剪辑元件拖曳到舞台中。

④ 在【属性】面板【位置和大小】卷展栏中设置【X】为"400"，【Y】为"302.35"。

⑤ 在【色彩效果】卷展栏中设置【样式】为"高级"，【XR+】为"51"，【XG+】为"204"，【XB+】为"255"。

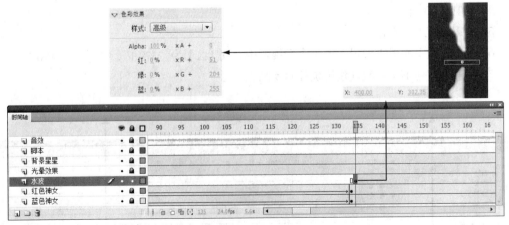

图 5-25　设置主场景中的水波动画

步骤 5：按 Ctrl + S 组合键保存影片文件，案例制作完成。

# 5.2　综合应用——制作"黑超门神"

本例将使用传统补间动画来制作一个生动而有趣的足球动画，操作思路及效果如图 5-26 所示。

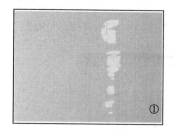
制作背景元素动画

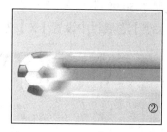
制作开场动画效果

制作守门员抓球的动画

制作足球爆炸的动画

制作守门员被炸的效果

制作守门员的流汗表情

图 5-26　操作思路及效果图

【操作步骤】

步骤 1：制作背景元素动画。

（1）运行 Flash CS5 软件。

（2）打开制作模板，效果如图 5-27 所示。

按 Ctrl + o 组合键打开素材文件"素材\第 5 章\黑超门神\黑超门神-模板.fla"。在文档中的时间轴上已经创建 6 个图层，各图层上的元素已经设置完成。本文档的【库】中已提供本案例所需的素材。

（3）新建图层，效果如图 5-28 所示。

① 连续单击 按钮新建图层。

② 重命名各个图层。

③ 锁定除"背景动画"以外的图层。

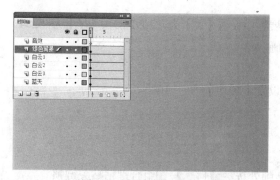
图 5-27　打开制作模板

图 5-28　新建图层

（4）布置"流动线条"元件，效果如图 5-29 所示。

① 选中"背景动画"图层的第 1 帧。

② 将【库】面板中名为"流动线条"的图形元件拖曳到舞台中。

③ 在【变形】面板上设置元件的【大小】为"248%"。

④ 设置元件的【旋转角度】为"-50.9°"。

⑤ 在【属性】面板【位置和大小】卷展栏中设置【X】为"-25.15"，【Y】为"284"。

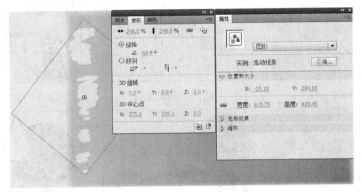

图 5-29　布置"流动线条"元件

（5）插入关键帧，效果如图 5-30 所示。

① 分别在"背景动画"图层的第 16、31、46、61、76、91 帧处按键插入关键帧。

② 分别在第 8、23、38、53、68、83、98 帧处按键插入空白关键帧。

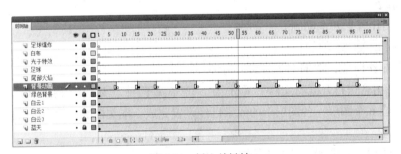

图 5-30　插入关键帧

（6）在第 1 帧～第 7 帧创建传统补间动画，效果如图 5-31 所示。

① 在"背景动画"图层的第 7 帧处按键插入关键帧。

② 在舞台上选中"流动线条"元件。

③ 在【属性】面板【位置和大小】卷展栏中设置【X】为"1092.85"，【Y】为"284"

④ 在第 1 帧～第 7 帧创建传统补间动画。

⑤ 选中第 1 帧。

⑥ 在【属性】面板【补间】卷展栏中设置【缓动】为"-100"。

（7）复制关键帧，效果如图 5-32 所示。

① 选中"背景动画"图层上的第 7 帧。

② 按 Ctrl + Alt + C 组合键复制关键帧。

③ 分别在第 22、37、52、67、82、97 帧处按 Ctrl + Alt + V 组合键粘贴关键帧。

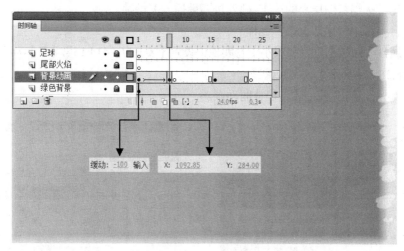

图 5-31　在第 1 帧～第 7 帧创建传统补间动画

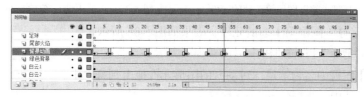

图 5-32　复制关键帧

④ 使用同样的方法在每两个关键帧之间创建传统补间动画并设置它们的缓动参数值,效果如图 5-33 所示。

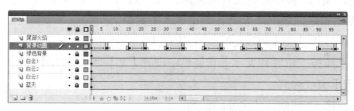

图 5-33　创建传统补间动画

提示

　　　　　这里的背景元素的动画效果,是为了衬托足球向左飞驰的状态,换句话说就是一个参照物。当背景参照物在移动时,而静止在画图上的物体相对于参照物体,它也是处于移动的状态。

步骤 2: 制作开场动画效果。

(1) 设置“尾部火焰”图层第 1 帧的元件,效果如图 5-34 所示。

① 锁定除“尾部火焰”以外的图层。

② 将【库】面板中名为“尾部火焰”的图形元件拖曳到舞台中。

③ 在舞台上选中“尾部火焰”元件。

④ 在【属性】面板【位置和大小】卷展栏中设置【X】为“508.6”,【Y】为“174.95”,【宽度】为“1981.95”,【高度】为“259.95”。

(2) 在第 1 帧～第 17 帧创建传统补间动画,效果如图 5-35 所示。

① 在"尾部火焰"图层上的第 17 帧处按 F6 键插入关键帧。

② 在舞台上选中"尾部火焰"元件。

③ 在【属性】面板【位置和大小】卷展栏中设置【X】为"414.15"，【Y】为"240.05"，【宽度】为"1156.25"，【高度】为"120"。

④ 在第 1 帧～第 17 帧创建传统补间动画。

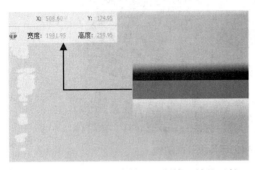

图 5-34 设置"尾部火焰"图层第 1 帧的元件　　图 5-35 在第 1 帧～第 17 帧创建传统补间动画

（3）设置"足球"图层第 1 帧的元件，效果如图 5-36 所示。

① 锁定除"足球"以外的图层。

② 将【库】面板中名为"足球转动"的图形元件拖曳到舞台中。

③ 在舞台上选中"足球转动"元件。

④ 在【属性】面板【位置和大小】卷展栏中设置【X】为"-198.55"，【Y】为"-343.2"，【宽度】为"1680.25"，【高度】为"1277.95"。

（4）在第 1 帧～第 17 帧创建传统补间动画，效果如图 5-37 所示。

① 在"足球"图层上的第 17 帧处按 F6 键插入关键帧。

② 在舞台上选中"足球转动"元件。

③ 在【属性】面板【位置和大小】卷展栏中设置【X】为"1.6"，【Y】为"0.85"，【宽度】为"1024"，【高度】为"590"。

④ 在第 1 帧～第 17 帧创建传统补间动画。

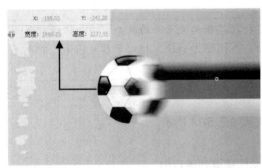

图 5-36 设置"足球"图层第 1 帧的元件　　图 5-37 在第 1 帧～第 17 帧创建传统补间动画

（5）设置"光子特效"图层第 1 帧的元件，效果如图 5-38 所示。

① 锁定除"光子特效"以外的图层。

② 将【库】面板中名为"光子闪动"的图形元件拖曳到舞台中。

③ 在舞台上选中"足球转动"元件。

④ 在【属性】面板【位置和大小】卷展栏中设置【X】为"670",【Y】为"294.7",【宽度】为"718.85",【高度】为"329.5"。

（6）在第 1 帧～第 17 帧创建传统补间动画，效果如图 5-39 所示。

① 在"光子特效"图层上的第 17 帧处按 F6 键插入关键帧。

② 在舞台上选中"尾部火焰"元件。

③ 在【属性】面板【位置和大小】卷展栏中设置【X】为"511.9",【Y】为"294.95",【宽度】为"442.4",【高度】为"152.7"。

④ 在第 1 帧～第 17 帧创建传统补间动画。

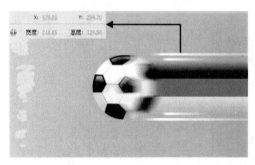

图 5-38　设置"光子特效"图层第 1 帧的元件　　　　图 5-39　在第 1 帧～第 17 帧创建传统补间动画

（7）设置"白布"图层第 1 帧的元件，效果如图 5-40 所示。

① 锁定除"白布"以外的图层。

② 将【库】面板中名为"白布"的图形元件拖曳到舞台中，并居中对齐到舞台。

（8）在第 1 帧～第 17 帧创建传统补间动画，效果如图 5-41 所示。

① 在"白布"图层上的第 17 帧处按 F6 键插入关键帧。

② 在第 18 帧处按 F7 键插入一个空白关键帧。

③ 在第 17 帧处选中"白布"元件。

④ 在【属性】面板【色彩效果】卷展栏中设置【样式】为"Alpha",【Alpha】为"0%"。

⑤ 在第 1 帧～第 17 帧创建传统补间动画。

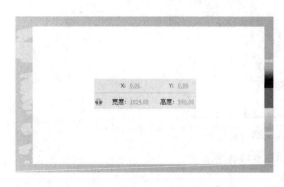
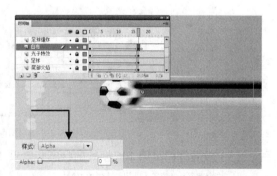

图 5-40　设置"白布"图层第 1 帧的元件　　　　图 5-41　在第 1 帧～第 17 帧创建传统补间动画

步骤 3：制作守门员抓球的动画。

（1）制作天空出现的动画，效果如图 5-42 所示。

① 锁定除"绿色背景"以外的图层。

② 在"绿色背景"图层上的第 95 帧处按 F6 键插入关键帧。

③ 在第 104 帧处按 F6 键插入关键帧。

④ 选中第 104 帧处的"地面"元件。

⑤ 在【属性】面板【位置和大小】卷展栏中设置【X】为"-76"，【Y】为"197.5"，【宽度】为"1198.3"，【高度】为"480.45"。

⑥ 在第 95 帧～第 104 帧创建传统补间动画。

⑦ 选中第 95 帧在【属性】面板【补间】卷展栏中设置【缓动】为"-100"。

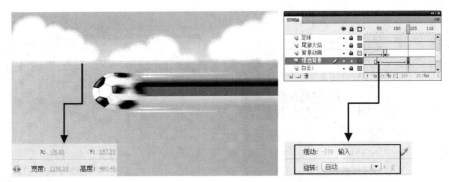

图 5-42　制作天空出现的动画

（2）制作尾部火焰消失的动画，效果如图 5-43 所示。

① 锁定除"尾部火焰"以外的图层。

② 在"尾部火焰"图层上的第 106 帧和第 114 帧处分别按 F6 键插入关键帧。

③ 在第 115 帧处按 F7 键插入一个空白关键帧。

④ 在第 114 帧处选中"尾部火焰"元件。

⑤ 在【属性】面板【色彩效果】卷展栏中设置【样式】为"Alpha"，【Alpha】为"0%"。

⑥ 在第 106 帧～第 114 帧创建传统补间动画。

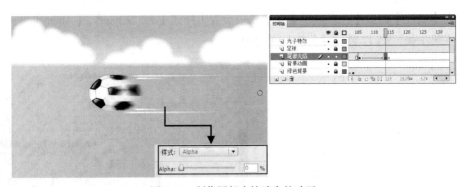

图 5-43　制作尾部火焰消失的动画

（3）设置守门员第 106 帧处的状态，效果如图 5-44 所示。

① 锁定除"守门员"以外的图层。

② 在"守门员"图层上的第 106、107、108 帧处分别按 F6 键插入关键帧。

③ 选中第 106 帧，将【库】面板中名为"守门员_重影"的影片剪辑元件拖曳到舞台中。

④ 在【属性】面板【位置和大小】卷展栏中设置【X】为"2"，【Y】为"100.4"。

⑤ 在【属性】面板【滤镜】卷展栏单击 按钮添加【模糊】和【调整颜色】。

⑥ 在【模糊】栏中设置【模糊 X】为"15 像素",【模糊 Y】为"15 像素",【品质】为"低"。

⑦ 在【调整颜色】栏中设置【亮度】为"10"

（4）设置守门员第 107 帧处的状态,效果如图 5-45 所示。

① 选中第 107 帧,将【库】面板中名为"守门员"的影片剪辑元件拖曳到舞台中。

② 在【属性】面板【位置和大小】卷展栏中设置【X】为"2",【Y】为"100.4"。

③ 在【属性】面板【滤镜】卷展栏单击 按钮添加【模糊】和【发光】。

④ 在【模糊】栏中设置【模糊 X】为"10 像素",【模糊 Y】为"10 像素",【品质】为"中"。

⑤ 在【发光】栏中设置【模糊 X】为"2 像素",【模糊 Y】为"2 像素",【强度】为"100%",【品质】为"低"。

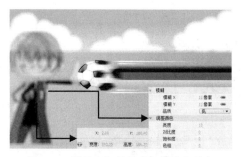

图 5-44　设置守门员第 106 帧处的状态

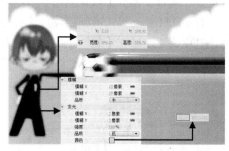

图 5-45　设置守门员第 107 帧处的状态

（5）设置守门员第 108 帧处的状态,效果如图 5-46 所示。

① 选中第 108 帧。

② 将【库】面板中名为"守门员闪动"的图形元件拖曳到舞台中。

③ 在【属性】面板【位置和大小】卷展栏中设置【X】为"2",【Y】为"100.4"。

步骤 4：制作足球爆炸的动画。

（1）设置足球燃烧的动画,效果如图 5-47 所示。

① 在"光子特效"图层的第 151 帧处按 键插入一个空白关键帧。

② 锁定除"足球"以外的图层。

③ 在"足球"图层的第 151 帧处按 键插入一个空白关键帧。

④ 在第 115 和第 137 帧处分别按 键插入关键帧。

⑤ 在第 137 帧处选中"足球转动"元件。

⑥ 在【属性】面板上设置【色彩效果】栏中的参数。

⑦ 在第 115 帧～第 137 帧创建传统补间动画。

图 5-46　设置守门员第 108 帧处的状态

图 5-47　设置足球燃烧的动画

（2）设置第 151 帧处足球的效果，效果如图 5-48 所示。

① 锁定除"足球爆炸"以外的图层。

② 在"足球爆炸"图层的第 151 帧处按 键插入关键帧。

③ 将【库】面板中名为"足球"的影片剪辑元件拖曳到舞台中。

④ 在【属性】面板【位置和大小】卷展栏中设置【X】为"318.4"，【Y】为"209.4"。

⑤ 在【属性】面板上设置【色彩效果】栏中的参数。

（3）在第 151 帧～第 156 帧创建传统补间动画，效果如图 5-49 所示。

① 在"足球爆炸"图层的第 156 帧处按 键插入关键帧。

② 在第 156 帧选中"足球"元件。

③ 在【属性】面板上设置【色彩效果】栏中的参数。

④ 在第 151 帧～第 156 帧创建传统补间动画。

⑤ 选中第 151 帧在【属性】面板上设置【补间】栏上的旋转参数。

图 5-48　设置第 151 帧处足球的效果

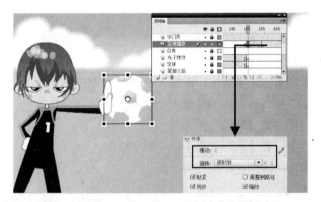

图 5-49　在第 151 帧～第 156 帧创建传统补间动画

（4）设置足球爆炸动画，效果如图 5-50 所示。

① 在"足球爆炸"图层上的第 157 帧处按 键插入一个空白关键帧。

② 将【库】面板中名为"足球爆炸"的图形元件拖曳到舞台中。

③ 在【属性】面板【位置和大小】卷展栏中设置【X】为"513.5"，【Y】为"295.65"。

④ 在第 169 帧处按 键插入一个空白关键帧。

步骤 5：制作守门员被炸的效果。

（1）设置第 150 帧处守门员的效果，如图 5-51 所示。

① 锁定除"守门员"以外的图层。

② 选中第 150 帧。

③ 按 [F6] 键插入关键帧。

④ 在第 150 帧处选中"守门员闪动"元件。

⑤ 在【属性】面板【循环】卷展栏中设置【选项】为"单帧"，【第一帧】为"1"。

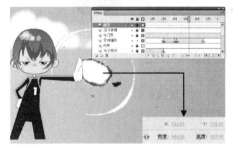

图 5-50　设置足球爆炸动画　　　　　　　　图 5-51　设置第 150 帧处守门员的效果

（2）设置第 157 帧处守门员的效果，如图 5-52 所示。

① 选中第 157 帧。

② 按 [F7] 键插入一个空白关键帧。

③ 将【库】面板中名为"被炸_守门员"的图形元件拖曳到舞台中。

④ 在【属性】面板【位置和大小】卷展栏中设置【X】为"1.75"，【Y】为"91.85"。

步骤 6：制作守门员的流汗表情。

（1）插入关键帧，效果如图 5-53 所示。

① 锁定除"流汗表情"以外的图层。

② 在"流汗表情"图层上的第 169 帧处按 [F6] 键插入关键帧。

③ 将【库】面板中名为"汗水"的图形元件拖曳到舞台中。

④ 在【属性】面板【位置和大小】卷展栏中设置【X】为"214.4"，【Y】为"31.5"，【宽度】为"91"，【高度】为"160.9"。

（2）制作汗水下落的动画，效果如图 5-54 所示。

① 在"流汗表情"图层上的第 172、174、176、178 帧处分别按 [F6] 键插入关键帧。

② 设置各帧处"汗水"元件的位置。

③ 在每两个关键帧之间创建传统补间动画。

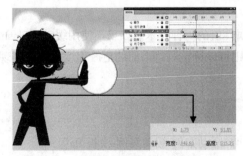

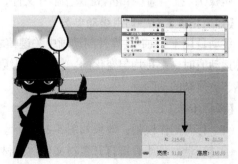

图 5-52　设置第 157 帧处守门员的效果　　　　　图 5-53　插入关键帧

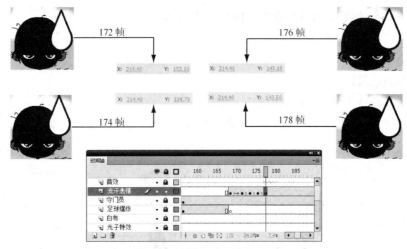

图 5-54　制作汗水下落的动画

（3）设置第 169 帧处汗水的效果，如图 5-55 所示。

① 在第 169 帧处选中"汗水"元件。

② 在【属性】面板【色彩效果】卷展栏中设置【样式】为"Alpha"，【Alpha】为"0%"。

图 5-55　制作汗水下落的动画

步骤 7：按 Ctrl + S 组合键保存影片文件，案例制作完成。

【知识拓展】——巧用缓动参数

缓动是用于 Flash 计算补间动画中关键帧之间属性值的一种技术。如果不使用缓动，Flash 在计算运动值时，都是均匀变化的。如果使用缓动，则可以调整对每个值的更改程度，从而实现更自然、更复杂的动画。

【操作步骤】

（1）打开制作模板，效果如图 5-26 所示。

① 按 Ctrl + O 组合键打开素材文件"素材\第 5 章\缓动案例\缓动案例-模板.fla"。

② 在文档中的时间轴上已经创建 3 个图层，各图层上的元素已经设置完成。

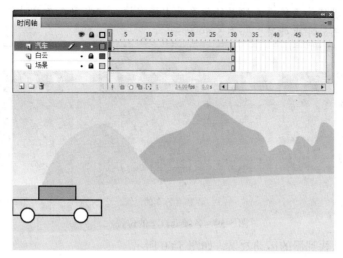

图 5-56　打开制作模板

　　模板中使用传统补间动画,创建了一段小车从左边向右边行驶的动画,如图 5-57 所示,观察可以发现,运动的速度都是匀速运动的,现在将对它的运动速度进行调整。

第 10 帧汽车的位置

第 20 帧汽车的位置

第 30 帧汽车的位置

图 5-57　各帧处汽车的位置

（2）制作汽车从慢到快的运动效果,如图 5-58 所示。

① 选中"汽车"图层的第 1 帧。

② 在【属性】面板【补间】卷展栏中设置【缓动】为"-100"。

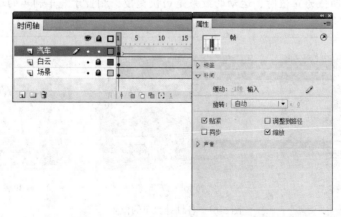

图 5-58　制作汽车从慢到快的运动效果

131

当缓动值为负值时，运动的效果是由慢变快，相当于汽车启动行驶的效果，这样更具有动画的冲击效果，如图 5-59 所示。

第 10 帧汽车的位置

第 20 帧汽车的位置

第 30 帧汽车的位置

图 5-59　各帧处汽车的位置

（3）制作汽车从快到慢的运动效果，如图 5-60 所示。

① 选中"汽车"图层的第 1 帧。

② 在【属性】面板【补间】卷展栏中设置【缓动】为"100"。

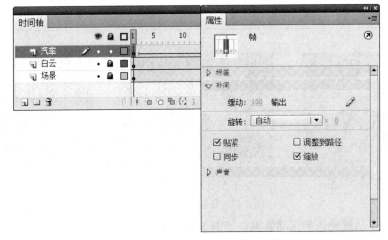

图 5-60　制作汽车从快到慢的运动效果

当缓动值为正值时，运动的效果是由快变慢，相当于汽车刹车的过程，如图 5-61 所示。

第 10 帧汽车的位置

第 20 帧汽车的位置

第 30 帧汽车的位置

图 5-61　各帧处汽车的位置

从上面两种情况分析可知，负值相当于加速的过程，正值相当于减速的过程。

缓动补间的运用可以为动画添加更真实、更绚丽的效果，读者可以根据实际的需要设置缓动的参数值，也可以使用编辑缓动参数进行设置，下面介绍其具体使用方法。

编辑运动曲线，效果如图 5-62 所示。

【操作步骤】

（1）选中"汽车"图层的第 1 帧。

（2）在【属性】面板【补间】卷展栏中设置【缓动】为"100"。

（3）在【属性】面板【补间】卷展栏中单击 按钮。

（4）编辑运动曲线，使汽车在第 20 帧才起步。

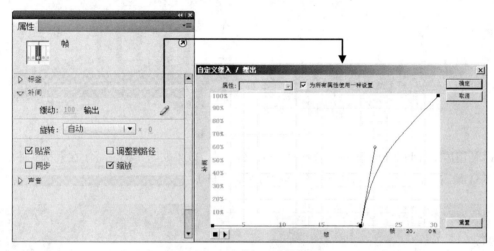

图 5-62　编辑运动曲线

测试动画，观察汽车在第 20 帧后才开始启动动画，如图 5-63 所示。读者在制作动画时，一定要灵活变通，达到举一反三的效果。

第 10 帧汽车的位置　　　　　　　　第 20 帧汽车的位置　　　　　　　　第 30 帧汽车的位置

图 5-63　各帧处汽车的位置

# 小　结

本章重点介绍了传统补间动画的应用方法及技巧。传统补间动画是指在两个或两个以上的关键帧之间对元件进行补间的动画，使一个元件随着时间变化其颜色、位置、旋转等属性。合理使用传统补间动画可以使你创建的作品更加生动，更富有变化。

# 思考与练习

1. 传统补间动画可以实现元件哪些方面的变化效果？

2. 请读者根据所学知识制作一个水晶文字效果，效果如图 5-64 所示（在素材文件中"素材\第 5 章\水晶文字效果"文件夹中提供本题目所需素材）。

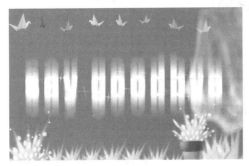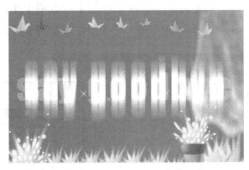

图 5-64　水晶文字效果

3. 使用传统补间动画制作一个简单的滑雪广告片头，效果如图 5-65 所示（在素材文件中"素材\第 5 章\滑雪广告片头"文件夹中提供本题目所需素材）。

图 5-65　滑雪广告片头

# 第6章

# 制作补间动画

补间动画作为后起之秀，拥有自动关键帧功能，可使用 3D 工具，可存储预设等，使用这些设计功能能为动画增加更加丰富的设计效果，其势不可替代。本章将通过一组典型案例对补间动画的设计方法和技巧进行讲解。

【教学目标】
- 掌握补间动画的制作原理。
- 掌握补间动画的创建方法。
- 明确补间动画的主要设计技巧。

## 6.1 制作补间动画

补间动画区别于其他补间的一大特点是，可以应用 3D 工具，以实现三维动画效果。补间动画为元件（或文本字段）创建的运动轨迹更可为元件的运动增加许多丰富细节。下面将带领读者逐一进行学习。

### 6.1.1 创建补间动画

#### 1. 补间动画的原理

补间动画的一大特点是会自动为用户将变更结果记录为关键帧，且只对变更的属性记录关键帧，未变更的属性不作记录。

图 6-1 中将播放头移至第 20 帧，而后将小球从右侧移至左侧，第 20 帧处会产生关键帧，用以记录小球在左侧的位置。选中舞台上的小球，可以查看小球运动的轨迹线，使用【选择】工具 ![光标] 可对轨迹线进行调整，如图 6-1 所示，这样小球就会从右侧沿弧线运动到左侧。

时间轴效果　　　　　　　　　　　　　运动效果

图 6-1　补间动画的原理

### 2. 认识 3D 工具

3D 工具用于模拟三维空间效果，只能应用于补间动画，只能对影片剪辑元件及文本字段进行操作。3D 工具包含【3D 旋转】工具和【3D 移动】工具，两者配合可营造出较为逼真的三维空间感，方便制作特殊效果的动画，如图 6-2 所示。

图 6-2　认识 3D 工具

3D 工具拥有自身独特的属性，在【属性】面板中有 "3D 位置坐标"、"透视角度" 及 "消失点" 参数的设置选项，如图 6-3 所示。

图 6-3　【属性】面板

　透视角度及消失点用于定义摄像机的属性，对某个元件做 3D 平移和旋转后，用户可尝试更改这些参数，体会其具体作用。

## 6.1.2　补间动画基本训练——制作 "尊贵跑车"

补间动画可以运用 3D 工具，这也是它区别于其他补间形式的最大特征，本案例通过制作图片在三维空间中的运动，从而带领读者初步掌握补间动画及 3D 工具的运用方法，操作思路及效果如图 6-4 所示。

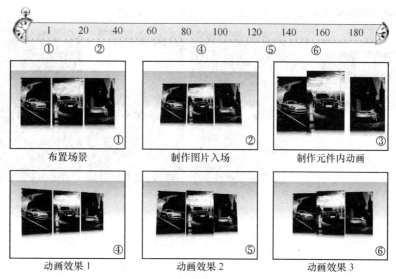

图 6-4　操作思路及效果图

【操作步骤】

步骤 1：设置图片入场。

（1）运行 Flash CS5。

（2）打开制作模板，效果如图 6-5 所示。

按 Ctrl + O 组合键打开素材文件"素材\第 6 章\尊贵跑车\尊贵跑车-模板.fla"。在舞台上已放置背景图形。

（3）新建图层，效果如图 6-6 所示。

① 单击 按钮新建图层，如图 6-6 中 A 处所示。

② 重命名图层。

图 6-5　打开制作模板

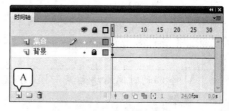

图 6-6　新建图层

（4）布置舞台，效果如图 6-7 所示。

① 按 Ctrl + L 组合键打开【库】面板。

② 将"元件"文件夹中的"集合"元件放置到"集合"图层中。

③ 调整元件与舞台居中对齐。

④ 按 Q 键启用【任意变形】工具。

⑤ 选中"集合"元件。

⑥ 移动元件轴心点。

图 6-7　布置舞台

提示

　　【对齐】工具十分实用，灵活运用对齐工具可在很大程度上提高效率，读者可以按 ⌷Ctrl⌷+⌷K⌷组合键打开【对齐】面板。

　　轴心点定义元件的 3D 旋转轴心，与旋转效果息息相关。

（5）创建补间动画，效果如图 6-8 所示。

① 鼠标右键单击"集合"图层的时间轴区域。

② 在弹出的快捷菜单中选择"创建补间动画"。

（6）为全属性创建关键帧，效果如图 6-9 所示。

① 按住 ⌷Ctrl⌷ 键单击"集合"图层的第 15 帧。

② 按 ⌷F6⌷ 键插入关键帧。

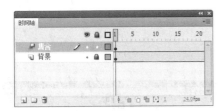

图 6-8　创建补间动画

图 6-9　为全属性创建关键帧

提示

　　移动时间滑块到某一帧，而后更改元件的某一属性，则产生的关键帧只记录这一属性。

　　选择某一帧后，按 ⌷F6⌷键插入关键帧，则产生的关键帧会记录此元件的所有属性。

　　这两者之间的区别很大，若在第 10 帧记录 A 属性，第 20 帧记录 B 属性，第 30 帧记录 A 属性，第 40 帧记录 B 属性，则 A 属性的变换会从第 10 帧开始，第 30 帧结束，B 属性的变换会从第 20 帧开始，第 40 帧结束。

步骤 2：制作 3D 动画。

（1）拆分动画，效果如图 6-10 所示。

① 按住 ⌷Ctrl⌷ 键单击"集合"图层的第 16 帧。

② 鼠标右键单击选中的帧。

③ 在弹出的快捷菜单中选择"拆分动画"命令。

（2）3D 旋转元件，效果如图 6-11 所示。

① 移动时间滑块至第 30 帧。

② 选中"集合"元件。

③ 按 W 键启用【3D 旋转】工具。

④ 按 D 键取消全局转换。

⑤ 将鼠标指针移至红色轴线。

⑥ 按住鼠标左键左右拖动实现 3D 旋转效果。

图 6-10　拆分动画

图 6-11　3D 旋转元件

提示

取消全局转换后，用户会进入局部转换状态。

这两者的区别在于，在局部转换状态下，【3D 旋转】工具的轴会与元件一起旋转，【3D】移动工具的轴也会被旋转至一定角度。而全局转换状态下，3D 工具的轴始终与屏幕平行。

【3D 旋转】工具有 $x$、$y$、$z$ 及全向 4 个轴向，拖曳不同轴向，会在相应轴向上产生旋转。

（3）在【属性】面板【3D 定位和查看】卷展栏设置【Z】为"97"，效果如图 6-12 所示。

图 6-12　3D 移动元件

提示

对元件做 3D 移动操作可通过【3D 移动】工具完成，也可直接在【属性】面板输入变换数值。

（4）设置元件的 3D 动画，效果如图 6-13 所示。

① 移动时间滑块至第 60 帧。

② 选中"集合"元件。

③ 按█键启用【3D 旋转】工具。

④ 对元件作旋转操作。

⑤ 在第 61 帧处拆分动画，如图 6-13 中 A 处所示。

（5）设置缓动，效果如图 6-14 所示。

① 单击第 16 帧～第 60 帧的任意帧。

② 在【属性】面板【缓动】卷展栏设置【缓动】为"-30"。

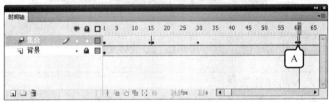

图 6-13  设置元件的 3D 动画          图 6-14  设置缓动

（6）使用相同方法为其他帧处设置动画，效果如图 6-15 所示。

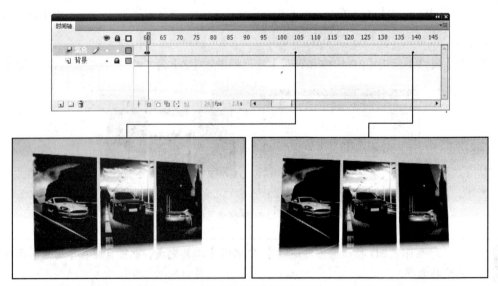

图 6-15  设置其他帧处的动画

（7）复制属性，效果如图 6-16 所示。

① 按住 Ctrl 键单击"集合"图层的第 61 帧，如图 6-16 中 A 处所示。

② 鼠标右键单击选中的帧。

③ 在弹出的快捷菜单中选择"复制属性"命令。

④ 按住 Ctrl 键单击"集合"图层的第 180 帧，如图 6-16 中 B 处所示。

⑤ 鼠标右键单击选中的帧。

⑥ 在弹出的快捷菜单中选择"粘贴属性"。

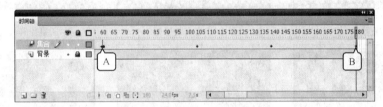

图 6-16　复制属性

步骤 3：制作图片展示动画。

制作元件内动画，效果如图 6-17 所示。

① 双击【库】面板中的"集合"元件进入元件编辑界面。

② 使用相同的方法制作补间动画。

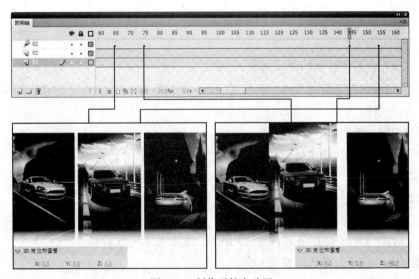

图 6-17　制作元件内动画

141

步骤 4：按 Ctrl + S 组合键保存影片文件，案例制作完成。

### 6.1.3 补间动画提高应用——制作"我的魔兽相册"

本案例将通过制作三维空间中的图像转换效果，从而带领读者学习掌握补间动画的应用方法及【三维旋转】工具的使用，操作思路及效果如图 6-18 所示。

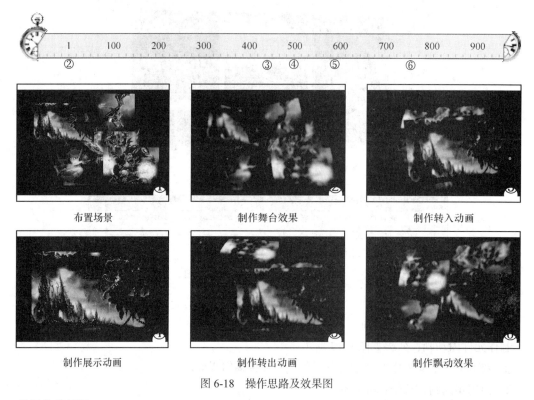

图 6-18 操作思路及效果图

【操作步骤】

步骤 1：设置动画开场效果。

（1）运行 Flash CS5。

（2）打开制作模板，效果如图 6-19 所示。

按 Ctrl + O 组合键打开素材文件"素材\第 6 章\我的魔兽相册\我的魔兽相册-模板.fla"。在舞台上已放置背景元件。

（3）新建图层，效果如图 6-20 所示。

① 连续单击 按钮新建图层。

② 重命名各个图层。

（4）布置舞台，效果如图 6-21 所示。

① 按 Ctrl + L 组合键打开【库】面板。

② 将"元件"文件夹中的各元件放置到相应的图层中。

③ 调整各元件在舞台上的位置及大小。

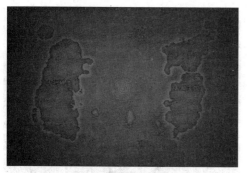

图 6-19　打开制作模板

图 6-20　新建图层

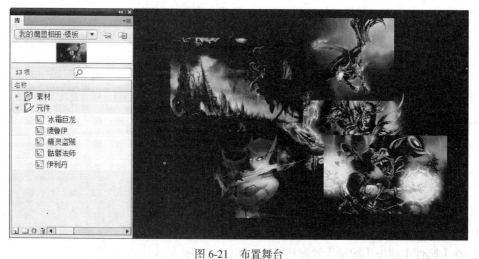

图 6-21　布置舞台

**提示**

　　调整大小和位置时可随意些，营造出一种"纵横交错"的氛围。

（5）设置 3D 定位和查看，效果如图 6-22 所示。

① 选中一张图片。

② 在【属性】面板【3D 定位和查看】卷展栏设置【透视角度】参数，如图 6-22 中 A 处所示。

③ 在【属性】面板【3D 定位和查看】卷展栏设置【消失点】参数，如图 6-22 中 B 处所示。

（6）对"精灵盗贼"作 3D 旋转，效果如图 6-23 所示。

① 按 W 键启用【3D 旋转】工具。

② 单击"精灵盗贼"图片。

③ 将鼠标指针移动到红色线条上。

④ 按住鼠标左键，上下拖动使图片绕 $x$ 轴旋转。

⑤ 使用相同方法使图片绕 $y$ 轴和 $z$ 轴旋转。

⑥ 将鼠标指针移动到橙色线条上。

⑦ 按住鼠标左键向四周拖动可使图片同时绕 $x$、$y$、$z$ 3 轴旋转。

图 6-22　设置 3D 定位和查看

图 6-23　对"精灵盗贼"作 3D 旋转

（7）使用相同方法对其他元件作 3D 旋转，效果如图 6-24 所示。

图 6-24　对其他元件作 3D 旋转

（8）设置模糊效果，效果如图 6-25 所示。

① 选中"精灵盗贼"元件。

② 在【属性】面板【滤镜】卷展栏单击 按钮，如图 6-25 中 A 处所示。

③ 在弹出的快捷菜单中选择"模糊"。

④ 设置【模糊 X】为"15"，【模糊 Y】为"20"，【品质】为"高"。

⑤ 使用相同方法为其他元件设置模糊效果。

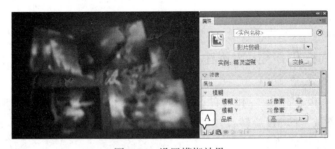

图 6-25　设置模糊效果

步骤 2：制作"精灵盗贼"的展示动画。

（1）创建补间动画，效果如图 6-26 所示。

① 在"精灵盗贼"时间轴的任意帧处单击鼠标右键。

② 在弹出的快捷菜单中选择"创建补间动画"。

③ 使用相同方法为其他图层创建补间动画。

④ 移动时间滑块至第 50 帧。

（2）创建"飘动"效果，效果如图 6-27 所示。

① 按 键启用【选择】工具。

② 移动各元件。

③ 按 键启用【3D 旋转】工具。

④ 旋转各元件。

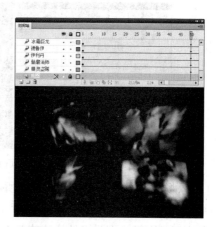

图 6-26　创建补间动画

图 6-27　创建"飘动"效果

**提示**

这里的飘动效果需要缓慢的移动并伴有轻微的旋转，因此移动和旋转不要过大。

"精灵盗贼"要在第 51 帧开始转入场景，为防止转入过程的"穿帮"，请不要将其与其他元件相交重叠。

（3）移动"精灵盗贼"层至顶层，效果如图 6-28 所示。

图 6-28　移动"精灵盗贼"层至顶层

① 选中"冰霜巨龙"图层。

② 单击 按钮新建图层。

③ 按住 Ctrl 键单击"精灵盗贼"图层的第 51 帧。

④ 单击鼠标右键。

⑤ 在弹出的快捷菜单中选择"拆分动画"命令。

⑥ 单击"精灵盗贼"图层第 51 帧后的任意位置。

⑦ 按住鼠标左键拖曳至新建图层中。

（4）制作"精灵盗贼"的入场，效果如图 6-29 所示。

① 移动时间滑块至第 65 帧。

② 选中"精灵盗贼"元件。

③ 在【属性】面板【滤镜】卷展栏设置【模糊 X】为"0"，【模糊 Y】为"0"。

④ 按 键启用【任意变形】工具。

⑤ 缩放"精灵盗贼"。

⑥ 按 键启用【3D 旋转】工具。

⑦ 旋转"精灵盗贼"。

图 6-29　制作"精灵盗贼"的入场

（5）为入场添加缓动，效果如图 6-30 所示。

① 按住 Ctrl 键单击顶层的第 66 帧。

② 单击鼠标右键，在弹出的快捷菜单中选择"拆分动画"。

③ 单击顶层第 50 帧～第 65 帧的任意位置。

④ 在【属性】面板【缓动】卷展栏设置【缓动】为"100"。

补间动画不支持关键帧与关键帧之间设置缓动，为补间动画设置的缓动会应用于整个补间区域，因此必须拆分动画，以达到分段设置缓动的目的。

（6）制作"精灵盗贼"向上的飘动，效果如图 6-31 所示。

① 移动时间滑块至第 115 帧。

② 按 键启用【选择】工具。

③ 移动"精灵盗贼"。

④ 按 键启用【3D 旋转】工具。

⑤ 旋转"精灵盗贼"。

⑥ 按 键添加关键帧。

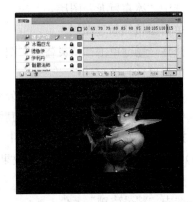

图 6-30　为入场添加缓动　　　　　　　图 6-31　制作"精灵盗贼"向上的飘动

在移动和旋转时，要充分考虑到运动的连贯性，图片从左下角向右上方运动进入场景，进入后应继续向右上方运动一定距离来表现连贯性，若进入场景后便立即向左下方运动，所得动画会显得比较僵硬。

**提示**

除运动的方向外，角度的转动也要遵循同样的道理，图片在入场前就已经做好了准备（倒回去看，会发现图片有一种向右上方放大，逼近我们视野的趋势），类似规律请读者多多体会。

补间动画会自动记录我们针对某个属性所作的改动，形成关键帧，但是未做改动的属性将不会被记录。例如将图片缩放，则会为缩放添加关键帧，但不会为旋转添加关键帧，因此需要按 F6 键为其他属性添加关键帧。

步骤 3：制作"精灵盗贼"向下的飘动，效果如图 6-32 所示。

（1）移动时间滑块至第 160 帧。

① 移动并旋转"精灵盗贼"。

② 按 F6 键添加关键帧。

（2）制作"精灵盗贼"向右的飘动，效果如图 6-33 所示。

① 移动时间滑块至第 200 帧。

② 移动并旋转"精灵盗贼"。

③ 按 F6 键添加关键帧。

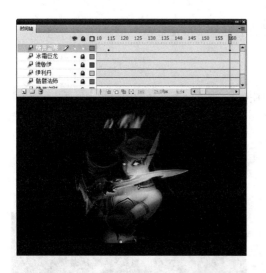

图 6-32　制作"精灵盗贼"向下的飘动

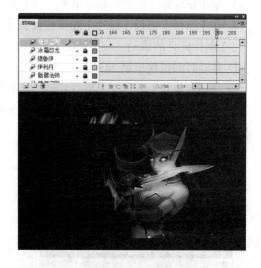

图 6-33　制作"精灵盗贼"向右的飘动

（3）制作"精灵盗贼"的出场，效果如图 6-34 所示。

① 按住 Ctrl 键单击"精灵盗贼"图层的第 201 帧。

② 单击鼠标右键，在弹出的快捷菜单中选择"拆分动画"。

③ 移动时间滑块至第 220 帧。

④ 缩放"精灵盗贼"。

⑤ 旋转"精灵盗贼"。

⑥ 移动"精灵盗贼"。

⑦ 设置【模糊 X】为"15"，【模糊 Y】为"20"。

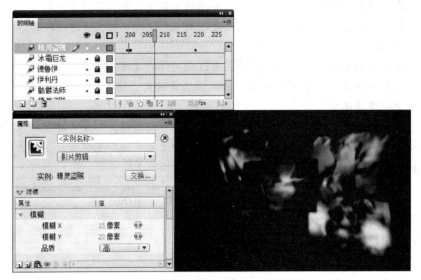

图 6-34　制作"精灵盗贼"的出场

（4）为出场添加缓动，效果如图 6-35 所示。

① 按住 Ctrl 键单击顶层的第 221 帧。

② 单击鼠标右键，在弹出的快捷菜单中选择"拆分动画"。

③ 单击顶层第 201 帧～第 220 帧的任意位置。

④ 在【属性】面板【缓动】卷展栏设置【缓动】为"-100"。

（5）制作元件的飘动，效果如图 6-36 所示。

① 移动时间滑块至第 245 帧。

② 分别对舞台上的 5 个元件作移动、旋转操作。

③ 分别为这 5 个元件所在的图层添加关键帧。

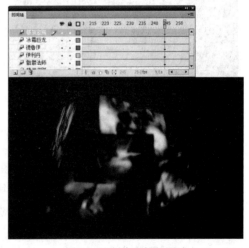

图 6-35　为出场添加缓动　　　　　　　　　图 6-36　制作元件的飘动

移动不会改变 3D 旋转的角度，但为改变 3D 旋转在舞台上的效果，因此操作时最好先移动，再旋转。

步骤 4：制作其他元件的展示动画。

（1）使用相同方法为"骷髅法师"元件制作展示动画，效果如图 6-37 所示。

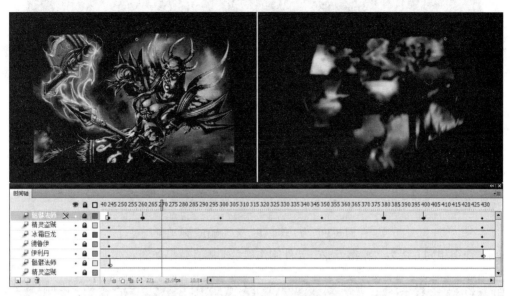

图 6-37　为"骷髅法师"元件制作展示动画

（2）使用相同方法为"伊利丹"元件制作展示动画，效果如图 6-38 所示。

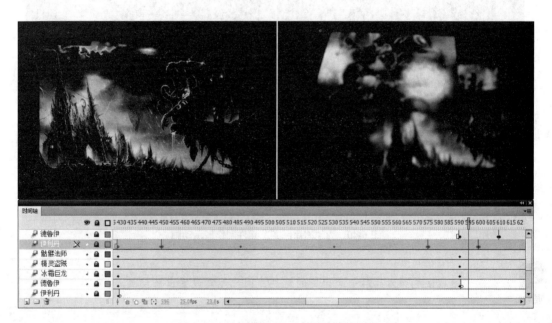

图 6-38　为"伊利丹"元件制作展示动画

在"伊利丹"出场的同时，"德鲁伊"开始入场，因此两者的补间区域有交叉。

（3）使用相同方法为"德鲁伊"元件制作展示动画，效果如图 6-39 所示。

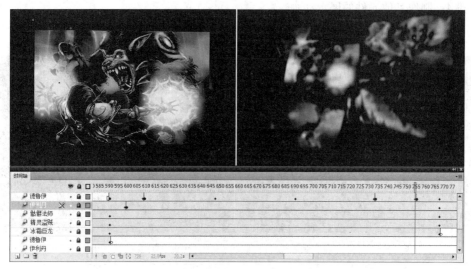

图 6-39　为"德鲁伊"元件制作展示动画

（4）使用相同方法为"冰霜巨龙"元件制作展示动画，效果如图 6-40 所示。

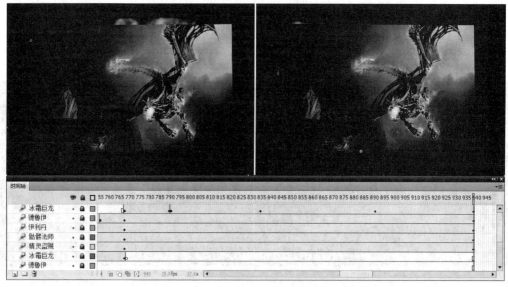

图 6-40　为"冰霜巨龙"元件制作展示动画

　　　　"冰霜巨龙"为最后一个出场的元件，因此无需设置出场动画。

步骤 5：按 Ctrl + S 组合键保存影片文件，案例制作完成。

## 6.2　使用动画编辑器

动画编辑器使用户能更好地控制补间动画，在动画编辑器中可以对元件的各种属性进行精确的控制。

【动画编辑器】可对动画进行绝大部分内容的编辑，如设置并添加缓动，调整关键帧，它优化了用户对动画的控制能力，提高了编辑效率。图 6-41 所示为【动画编辑器】面板。

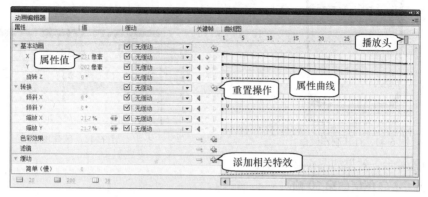

图 6-41  动画编辑器

## 6.2.1  动画编辑器基本训练——制作"爱会发酵"

本案例将通过模拟物体坠入水中的运动，带领读者学习动画编辑器的使用方法，操作思路及效果如图 6-42 所示。

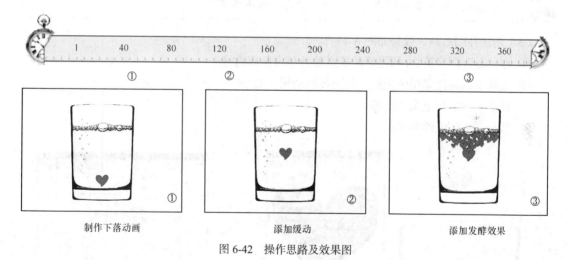

制作下落动画          添加缓动          添加发酵效果

图 6-42  操作思路及效果图

【操作步骤】

步骤 1：制作"心"下落动画。

（1）运行 Flash CS5。

（2）打开制作模板，效果如图 6-43 所示。

按 Ctrl + O 组合键打开素材文件"素材\第 6 章\爱会发酵\爱会发酵-模板.fla"。在舞台上已放置杯子及前景图案。

（3）新建图层，效果如图 6-44 所示。

① 连续单击按钮新建图层，如图 6-44 中 A 处所示。

② 重命名各个图层。

图 6-43　打开制作模板

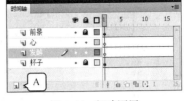

图 6-44　新建图层

（4）布置舞台，效果如图 6-45 所示。

① 单击"心"图层的第 30 帧。

② 按 [F6] 键插入关键帧。

③ 按 [Ctrl]+[L] 组合键打开【库】面板。

④ 将"心"元件拖曳到舞台中。

⑤ 调整各元件在舞台上的位置。

提示　　在调整元件位置时，可按 [Ctrl]+[K] 组合键启用【对齐】工具，勾选【与舞台对齐】复选框，单击 [品] 按钮将元件相对于舞台"水平中齐"。

（5）创建补间动画，效果如图 6-46 所示。

① 在"心"图层第 30 帧之后的任意帧处单击鼠标右键。

② 在弹出的快捷菜单中选择"创建补间动画"命令。

③ 移动时间滑块至第 130 帧。

④ 移动"心"元件至杯底。

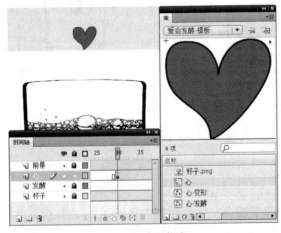

图 6-45　布置舞台

图 6-46　创建补间动画

（6）为补间插入空白关键帧，效果如图 6-47 所示。

① 单击"发酵"图层的任意帧。

② 按 [F7] 键插入空白关键帧。

③ 将空白关键帧拖曳到"心"图层的第 131 帧处。

（7）为"心"图层的补间创建缓动，效果如图 6-48 所示。

① 执行【窗口】/【动画编辑器】命令。

② 单击"心"图层第 30 帧～第 129 帧任意位置。

③ 在【动画编辑器】面板【缓动】卷展栏下单击 按钮，如图 6-48 中 A 处所示。

④ 在弹出的快捷菜单中选择"弹簧"命令。

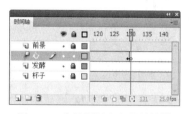

图 6-47 为补间插入空白关键帧

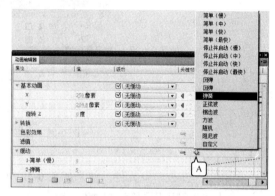

图 6-48 为"心"图层的补间创建缓动

（8）设置缓动属性，效果如图 6-49 所示。

① 在【缓动】卷展栏设置【2-弹簧】参数为"3"，如图 6-49 中 A 处所示。

② 设置【可查看的帧】为"101"，如图 6-49 中 B 处所示。

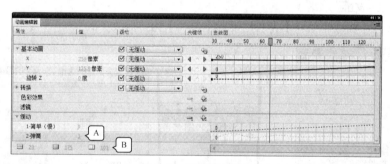

图 6-49 设置缓动属性

（9）为"心"图层的补间添加缓动，效果如图 6-50 所示。

① 单击"心"图层第 30 帧～第 130 帧任意位置。

② 在【动画编辑器】面板【基本动画】卷展栏【Y】项目设置【缓动】为"2-弹簧"。

图 6-50 为"心"图层的补间添加缓动

（10）设置"心"的停留，效果如图 6-51 所示。

① 按住 [Ctrl] 键单击"心"图层的第 130 帧。

② 按 [Ctrl] + [Alt] + [C] 组合键复制帧。

③ 单击"心"图层的第 131 帧。

④ 按 [Ctrl] + [Alt] + [V] 组合键粘贴帧。

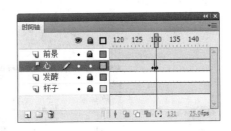

图 6-51 设置"心"的停留

步骤 2：制作发酵动画。

（1）添加"心-发酵"元件，效果如图 6-52 所示。

① 单击"发酵"图层第 140 帧。

② 将"心-发酵"元件拖入舞台。

③ 在【属性】面板的【位置和大小】卷展栏设置【X】为"248.80"，【Y】为"285.40"。

（2）为"心-发酵"元件设置循环模式，效果如图 6-53 所示。

① 选中"心-发酵"元件。

② 在【属性】面板【循环】卷展栏设置【选项】为"播放一次"。

图 6-52 添加"心-发酵"元件　　　　图 6-53 为"心-发酵"元件设置循环模式

步骤 3：按 [Ctrl] + [S] 组合键保存影片文件，案例制作完成。

## 6.2.2 动画编辑器提高应用——制作"喜怒人生"

本案例将通过制作小球的弹跳运动，带领读者学习和掌握动画编辑器中 Flash CS5 内置缓动效果的使用方法，操作思路及效果如图 6-54 所示。

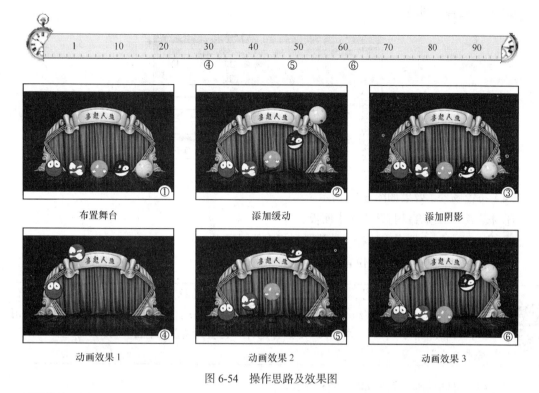

布置舞台　　　　　　　　添加缓动　　　　　　　　添加阴影

动画效果 1　　　　　　　动画效果 2　　　　　　　动画效果 3

图 6-54　操作思路及效果图

**【操作步骤】**

步骤 1：创建动画。

（1）运行 Flash CS5。

（2）打开制作模板，效果如图 6-55 所示。

按 [Ctrl]+[O] 组合键打开素材文件"素材\第 6 章\喜怒人生\喜怒人生-模板.fla"。在舞台上已放置背景元件。

图 6-55　打开制作模板

（3）新建图层，效果如图 6-56 所示。

① 连续单击 📄 按钮新建图层，如图 6-56 中 A 处所示。

② 重命名各个图层。

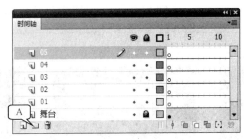

图 6-56　新建图层

（4）布置场景，效果如图 6-57 所示。

① 按 Ctrl + L 组合键打开【库】面板。

② 将"元件"文件夹中的各元件放置到相应的图层中。

③ 调整各元件在舞台上的位置。

提示

在调整元件位置时，可先确定两侧元件在 X 轴的位置，再将其他元件摆放到两侧元件之间，按 Ctrl + K 组合键启用【对齐】工具，勾选【与舞台对其】复选框，取消"对齐/相对舞台分布"，单击 按钮将元件"垂直对齐"，单击 按钮将元件"水平居中分布"。

（5）创建补间动画，效果如图 6-58 所示。

① 在"05"图层的任意帧处单击鼠标右键。

② 在弹出的快捷菜单中选择"创建补间动画"命令。

③ 使用相同方法为其他图层创建补间动画。

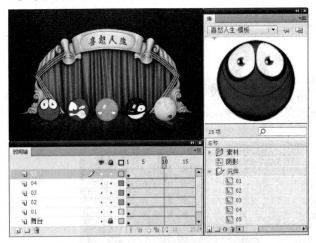

图 6-57　布置场景

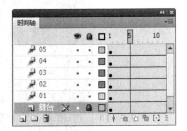

图 6-58　创建补间动画

（6）为补间插入关键帧，效果如图 6-59 所示。

① 移动时间滑块至第 45 帧。

② 选中"01"图层。

③ 按 F6 键插入关键帧。

④ 使用相同方法为其他图层在第 45 帧插入关键帧。

（7）为补间拆分动画，效果如图 6-60 所示。

① 按住 [Ctrl] 键单击 "05" 图层的第 46 帧。

② 单击鼠标右键，在弹出的快捷菜单中选择 "拆分动画" 命令。

③ 使用相同方法为其他补间拆分动画。

图 6-59 为补间插入关键帧

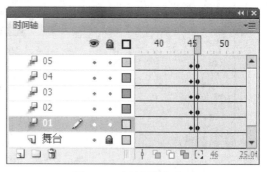

图 6-60 为补间拆分动画

（8）设置元件起始位置，效果如图 6-61 所示。

① 移动时间滑块至第 1 帧。

② 选中所有小球元件。

③ 按住 [Shift] 键竖直向上拖动。

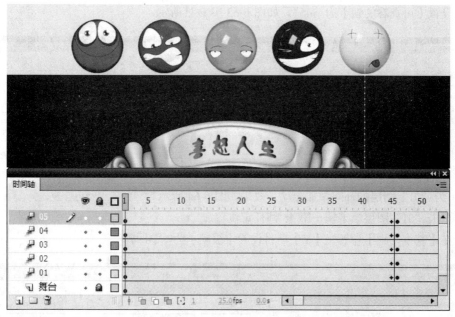

图 6-61 设置元件起始位置

步骤 2：创建缓动动画。

（1）为 "01" 图层的补间创建缓动，效果如图 6-62 所示。

① 选中【窗口】/【动画编辑器】。

② 单击 "01" 图层第 1 帧～第 45 帧任意位置。

③ 在【动画编辑器】面板【缓动】卷展栏下单击 按钮，如图 6-62 中 A 处所示。

④ 在弹出的快捷菜单中选择"回弹"命令。

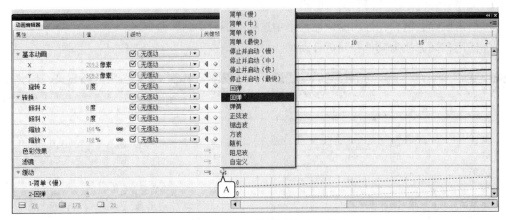

图 6-62 为"01"图层的补间创建缓动

　　　　　Flash CS5 共内置了两种类型的"回弹"缓动，这里使用第 2 种比较合适，读者可尝试第 1 种的效果。

（2）设置缓动属性，效果如图 6-63 所示。

① 在【缓动】卷展栏设置【2-回弹】："6"，如图 6-63 中 A 处所示。

② 设置【可查看的帧】为"45"，如图 6-63 中 B 处所示。

图 6-63　设置缓动属性

（3）为"01"图层的补间添加缓动，效果如图 6-64 所示。

① 单击"01"图层第 1 帧～第 45 帧任意位置。

② 在【基本动画】卷展栏【Y】项目设置【缓动】为"2-回弹"。

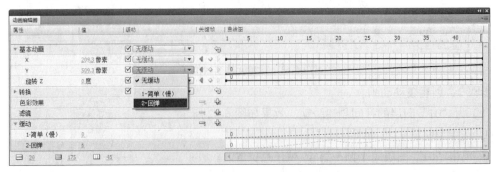

图 6-64　为"01"图层的补间添加缓动

**提示** 添加缓动的补间必须是独立的一段，首尾两帧确定元件的起始和结束状态，否则缓动效果可能出现错误。

（4）为其他图层的补间添加缓动，效果如图 6-65 所示。

① 使用相同方法为其他图层的补间创建缓动。

② 使用相同方法为其他图层的补间添加缓动。

图 6-65 为其他图层的补间添加缓动

（5）为各元件设置动画顺序，效果如图 6-66 所示。

① 选择"01"图层。

② 按住鼠标左键向后拖动 10 帧。

③ 拖动其他图层的补间区域。

④ 将各图层帧数添加至 150。

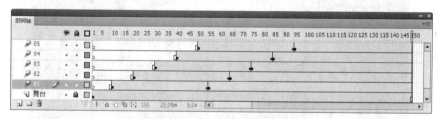

图 6-66 为各元件设置动画顺序

步骤 3：完善动画效果。

（1）新建图层，效果如图 6-67 所示。

① 选中"舞台"图层。

② 单击▢按钮新建图层。

③ 重命名图层。

④ 单击新建图层的第 20 帧。

⑤ 按▢键插入空白关键帧。

（2）为"01"元件添加阴影，效果如图 6-68 所示。

① 按 Ctrl +▢组合键打开【库】面板。

② 将"元件"文件夹中的"阴影"元件放置到"阴影"图层中。

③ 选中"阴影"元件。

④ 在【属性】面板【循环】卷展栏设置【选项】为"播放一次"。

⑤ 调整元件在舞台上的位置。

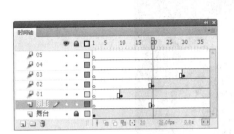

图 6-67　新建图层

图 6-68　为"01"元件添加阴影

 　　　调整元件位置时，可暂时将"阴影"图层放置在"01"图层之上，将时间滑块移动到第 55 帧之后，方便对齐。

（3）使用相同方法为其他小球元件添加阴影，效果如图 6-69 所示。

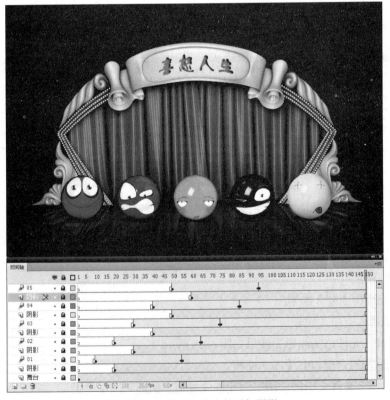

图 6-69　为其他小球元件添加阴影

步骤 4：按 Ctrl + S 组合键保存影片文件，案例制作完成。

**【知识拓展】——巧用动画预设**

随着补间动画的诞生，强大而实用的动画预设也随即出现。它允许用户将已完成的补间动画存储为预设，方便此后的调用，这在很大程度上提高了工作效率，优化了工作流程。

### 1. 使用默认动画预设

Flash 为用户预置了许多优秀的动画预设，熟练地运用这些预设会为动画增色不少。

选中需要添加预设的影片剪辑元件或文本字段，执行【窗口】/【动画预设】命令，选中合适的动画预设，单击 应用 按钮即可完成赋予。被赋予预设的元件或文本字段将会在其所在图层生成相应的补间动画，如图 6-70 所示。

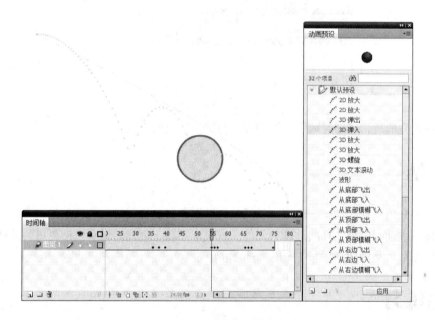

图 6-70　使用默认动画预设

若用户对预设不满意，可在动画编辑器中作相应调整。

### 2. 使用自定义动画预设

将补间动画存储为预设，不仅在制作效率上有所提高，更是对自我劳动成果的一种肯定。在不断地制作过程中，你会喜爱上自己预设的动画。

**【操作步骤】**

（1）存储步骤，如图 6-71 所示。

① 在补间动画的补间区域单击鼠标右键。

② 在弹出的快捷菜单中选择"另存为动画预设"，如图 6-71 中 A 处所示。

③ 在弹出的对话框中输入名称，如图 6-71 中 B 处所示。

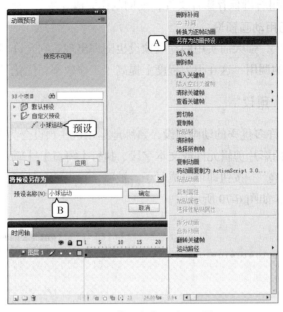

图 6-71　使用自定义动画预设

（2）存储完成后，可随时调用，调用方法与默认预设的方法相同。

# 小　　结

本章主要介绍了补间动画的应用。补间动画区别于其他补间的一大特点是，可以应用 3D 工具，以实现三维动画效果。补间动画为元件（或文本字段）创建的运动轨迹更可为元件的运动增加许多丰富细节，是创建高质量 Flash 动画的重要工具。

# 思考与练习

1. 请总结补间动画与传统补间动画各有什么优势和不足。

2. 为什么说动画编辑器能够帮助用户精确地控制补间动画？

3. 使用补间动画原理制作一个水晶文字效果，如图 6-72 所示（在素材文件中"素材\第 6 章\水晶文字效果"文件夹中提供本题目所需素材）。

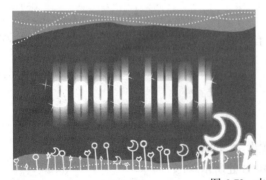

图 6-72　水晶文字效果

4. 使用【3D 旋转】工具 配合补间动画来制作一个三维旋转相框的效果动画，如图 6-73 所示（在素材文件中"素材\第 6 章\三维旋转相框"文件夹中提供本题目所需素材）。

图 6-73　三维旋转相框效果

第**7**章

# 制作引导层动画

引导层动画是 Flash 中一种重要的动画类型。使用前面几章介绍的方法制作动画时，可以比较容易地实现对象的直线运动，但在实际应用中，常常需要制作大量的曲线运动动画，有时甚至还需要让物体按照预先设定的复杂路径（轨迹）运动。所以就需要引导层动画这样的形式来实现。

**【教学目标】**

- 掌握引导层动画的原理。
- 掌握引导层的创建方法。
- 掌握使用引导层制作动画的技巧。
- 掌握使用引导层模拟生物的方法。

## 7.1 引导层动画

引导层动画的创建方法和原理都十分简单，读者通过下面的学习就可以轻松掌握。

### 7.1.1 引导层动画原理

**1. 引导层动画原理**

引导层动画与逐帧动画和传统补间动画不同，它是通过在引导层上加线条来作为被引导层上元件的运动轨迹，从而实现对被引导层上元素的路径约束。

引导层上的路径必须是使用【钢笔】工具、【铅笔】工具、【线条】工具、【椭圆】工具或【矩形】工具所绘制的曲线。

图 7-1 所示为被引导层上飞机在第 1 帧和第 50 帧处的位置。图 7-2 所示为飞机的全部运动轨迹，通过观察可以很清晰地发现引导层的引导功能。

飞机在第 1 帧的位置 　　　　　　飞机在第 50 帧的位置

图 7-1　设置飞机起始位置

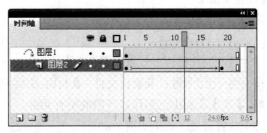

图 7-2　飞机的运动轨迹

 　　　引导层上的路径在发布后，并不会显示出来，只是作为被引导元素的运动轨迹。在被引导层上被引导的图形必须是元件，而且必须创建传统补间，同时还需要将元件在关键帧处的"变形中心"设置到引导层上的路径上，才能成功创建引导层动画。

## 2．创建引导层

可以使用两种不同的方式创建引导层动画。

（1）使用【引导层】命令，效果如图 7-3 所示。

① 新建两个图层。

② 在"图层 1"上单击鼠标右键，在弹出的快捷菜单中选择【引导层】命令。

③ 用鼠标将"图层 2"拖到"图层 1"的下面释放，使引导层的图标由 ✎ 变为 ，则引导层和被引导层创建成功。

④ 在"图层 1"上绘制引导路径，在"图层 2"上制作补间动画。

图 7-3　创建引导层

（2）使用【添加传统运动引导层】命令，效果如图 7-4 所示。

① 在需要被引导的图层上单击鼠标右键，在弹出的快捷菜单中选择【添加传统运动引导层】命令。

② 在自动新建的引导层上绘制引导路径。

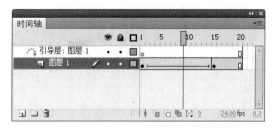

图 7-4　创建引导层

### 3. 取消"引导层"或"被引导层"

可在"引导层"或"被引导层"上单击右键，在弹出的快捷菜单中选择【属性】命令，打开【图层属性】对话框，然后设置【类型】为"一般"，单击 确定 按钮即可将"引导层"和"被引导层"转换为一般图层，如图 7-5 所示。

图 7-5　【图层属性】对话框

## 7.1.2　创建引导层动画——制作"巧克力情缘"

本案例将使用引导层动画的原理，制作出一个心形从巧克力杯中慢慢升起的浪漫效果，操作思路及效果如图 7-6 所示。

【操作步骤】

步骤 1：布置舞台。

（1）运行 Flash CS5。

（2）打开制作模板，效果如图 7-7 所示。

按 Ctrl + o 组合键打开素材文件"素材\第 7 章\巧克力情缘\巧克力情缘-模板.fla"。场景大小已设置好，【库】面板中已制作好所需的所有元素。

（3）放置背景，效果如图 7-8 所示。

① 将"图层 1"重命名为"背景"层。

② 将【库】面板中的"巧克力情缘.png"位图拖入舞台。

③ 在【属性】面板【位置和大小】卷展栏中设置其 $X$、$Y$ 坐标都为"0"，如图 7-8 中 A 处所示。

（4）设置【宽度】和【高度】分别为"400"和"600"，如图 7-8 中 B 处所示。

步骤 2：绘制路径。

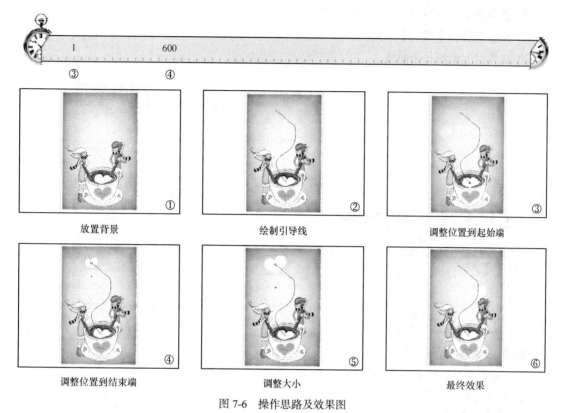

图 7-6　操作思路及效果图

（1）新建并重命名图层，效果如图 7-9 所示。

① 新建一个图层并重命名为"心"层。

图 7-7　打开制作模板

图 7-8　放置背景

② 在图层"心"上单击鼠标右键，在弹出的快捷菜单中选择【添加传统运动引导层】命令。

（2）绘制线条，效果如图 7-10 所示。

① 选中图层"引导层：心"的第 1 帧。

② 按 ♥ 键启动【铅笔】工具。

③ 在舞台上绘制一条曲线。

图 7-9　新建并重命名图层

图 7-10　绘制线条

步骤 3：制作引导层动画。

（1）放置心形，效果如图 7-11 所示。

① 选中图层"心"的第 1 帧。

② 将【库】面板中的"心"元件拖入舞台中。

③ 在【变形】面板中设置比例为"30%"，如图 7-11 中 A 处所示。

（2）调整位置，效果如图 7-12 所示。

① 按 ♥ 键启动【选择】工具。

② 选中并拖动心形，使其中心吸附到线条下端。

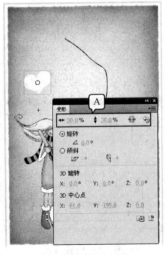

图 7-11　放置心形

图 7-12　调整位置

（3）设置关键帧，效果如图 7-13 所示。

① 在所有图层的第 220 帧插入帧。

② 在图层"心"的第 200 帧插入关键帧。

③ 拖动心形并吸附至线条的上端。

（4）创建补间动画，效果如图 7-14 所示。

① 选中第 200 帧中的"心"元件。

② 在【变形】面板中设置其比例为"50%"。

③ 在图层"心"的第 1 帧～第 200 帧创建传统补间动画。

图 7-13　设置关键帧

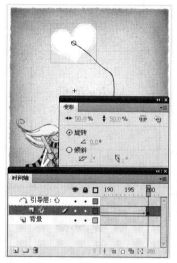

图 7-14　创建补间动画

步骤 4：按 Ctrl + s 组合键保存影片文件，案例制作完成。

# 7.2　多层引导动画

通过前面的学习，相信读者已经掌握了引导层动画的创建方法和设计原理，在本节中，将使用多层引导层动画来制作复杂的 Flash 动画。

## 7.2.1　多层引导原理

将普通图层拖曳到引导层或被引导层的下面，即可将普通图层转化为其被引导层，在一组引导中，引导层只能有一个，而被引导层可以有多个，那就是多层引导，如图 7-15 所示，其中"图层 1"为引导层，其余的所有图层都是被引导层。

引导层动画的创建原理十分简单，但是要使用引导层动画做出精美的动画作品应该注意以下内容。

图 7-15　多层引导

- 观察生活中可以用引导层动画来表达创意的事物。
- 使用引导层动画来模拟表达设计者的创意。
- 收集素材丰富作品。
- 在制作过程中不断完善自己的作品。

只要做到以上几点，做出精美的引导层动画指日可待。

### 7.2.2　创建多引导层动画——制作"鱼戏荷间"

水墨是中华文明的精髓，它的美妙与内涵是每个中华儿女的骄傲。本例将使用多层引导动画带领读者创造一幅"鱼儿荷间戏"的动态画面，操作思路及效果如图 7-16 所示。

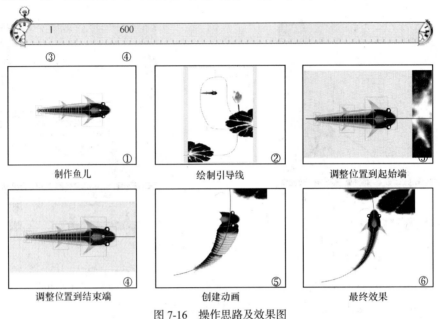

图 7-16　操作思路及效果图

【操作步骤】

步骤 1：制作鱼儿。

（1）运行 Flash CS5。

（2）打开制作模板，效果如图 7-17 所示。

按 [Ctrl]+[O] 组合键打开素材文件"素材\第 7 章\鱼戏荷间\鱼戏荷间-模板.fla"。场景大小已设置好，【库】面板中已制作好所需的所有元素。

（3）放置元件，效果如图 7-18 所示。

① 将【库】面板中的"身"元件拖入舞台。

② 在【属性】面板中设置其 $X$、$Y$ 坐标分别为"100"、"200"，如图 7-18 中 A 处所示。

（4）复制元件。

① 选择舞台中的"身"元件。

② 按 [Ctrl]+[C] 组合键进行复制。

图 7-17　【库】面板

③ 连续 17 次按 [Ctrl]+[Alt]+[V] 组合键在原位置粘贴出 17 个"身"元件。

（5）元件分散到图层，效果如图 7-19 所示。

① 框选中舞台上的 18 个"身"元件。

② 在其上单击鼠标右键，在弹出快捷菜单中选择【分散到图层】命令。

（6）在时间轴上由上往下依次重命名图层为"身 1"、"身 2"……"身 18"，效果如图 7-20 所示。

图 7-18　导入"身"元件

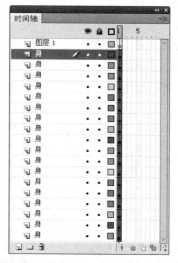

图 7-19　图层信息

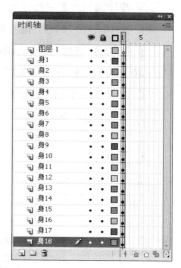

图 7-20　重命名图层

（7）新建并调整图层，效果如图 7-21 所示。

① 将"图层 1"重命名为"鳍 1"，如图 7-21 中 A 处所示。

② 在"身 10"图层上新建图层并重命名为"鳍 2"，如图 7-21 中 B 处所示。

③ 新建图层并重命名为"鳍 3"，如图 7-21 中 C 处所示。

④ 将图层"鳍 3"拖到"身 18"图层下面。

（8）放置元件，效果如图 7-22 所示。

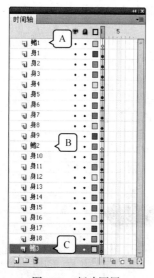

图 7-21　新建图层

图 7-22　拖入鳍

① 将【库】面板中的"鳍"元件拖入"鳍 1"图层。

② 设置其 $x$、$y$ 坐标分别为"100"、"200"。

（9）复制元件。

① 按 Ctrl + C 组合键复制舞台中的"鳍"元件。

② 选中图层"鳍 2"第 1 帧。

171

③ 按 [Ctrl]+[Shift]+[V] 组合键粘贴元件。

④ 选中图层"鳍 3"第 1 帧。

⑤ 按 [Ctrl]+[Shift]+[V] 组合键粘贴元件。

（10）调整坐标，效果如图 7-23 所示。

① 选中"鳍 1"图层上的"鳍"元件。

② 设置其 $x$ 坐标为"200"。

③ 选中"身 1"图层的"身"元件设置其 $x$ 坐标为"195"。

④ 选中"身 2"图层的"身"元件设置其 $x$ 坐标为"190"。

⑤ 以"5"类推设置下面图层上元件的 $x$ 坐标。

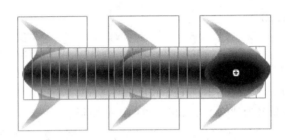

图 7-23　设置鱼躯干

（11）调整大小，效果如图 7-24 所示。

① 选中"鳍 1"图层上的"鳍"元件。

② 在【变形】面板中设置其【宽度】和【长度】变形都为"100%"。

③ 在选中"身 1"图层上的"身"元件。

④ 设置其【宽度】和【长度】变形都为"96.5%"。

⑤ 选中"身 2"图层上的"身"元件。

⑥ 设置其【宽度】和【长度】变形都为"93%"。

⑦ 以"3.5"类推设置下面图层上元件的【宽度】和【长度】变形。

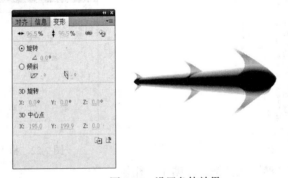

图 7-24　设置鱼体效果

　　　　在 Flash 中输入数值时，可以直接使用算术运算，例如在输入框中输入"93-3.5"，按回车键将直接设置为"89.5"。

（12）调整透明度，效果如图 7-25 所示。

① 选中"鳍 2"图层上的"鳍"元件。

② 在【属性】面板【色彩效果】卷展栏中单击【样式】后的下拉列表框，选择【Alpha】选项，如图 7-25 中 A 处所示。

③ 设置【Alpha】值为"95%"，如图 7-25 中 B 处所示。

④ 选中"身 10"图层上的"身"元件。

⑤ 设置其【Alpha】值为"90%"。

⑥ 以"5"递减设置下面图层上的元件的【Alpha】值。

图 7-25　依次减低透明度

（13）放置元件，效果如图 7-26 所示。

① 在"鳍 1"图层上新建图层并重命名为"头"层。

② 将【库】面板中的"头"元件拖到"头"图层上释放。

③ 设置其 $x$、$y$ 位置分别为"215"、"200"。

　　　　鱼儿制作完成，请读者将构成鱼儿的各个元件全部选中，然后拉出一条标尺线，观察所有元件的"变形中心"是否都在同一条直线上。如果没有，请动手调节到如图 7-27 所示的效果。

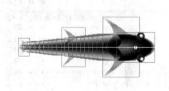

图 7-26　放置鱼头　　　　　　　　　　　图 7-27　检查元件是否在同一直线上

步骤 2：设置场景。

（1）放置背景，效果如图 7-28 所示。

① 在"鳍 3"图层下面新建图层并重命名为"背景"层。

② 将【库】面板中的"荷塘-背景.jpg"拖入"背景"图层。

③ 在【属性】面板【位置和大小】卷展栏中设置其宽、高分别为"520"、"740"。

④ 设置其 x、y 坐标都为"0"。

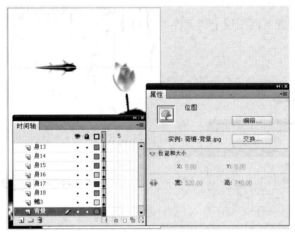

图 7-28　放置背景图片

（2）放置前景，效果如图 7-29 所示。

① 在"头"图层上面新建并重命名为"前景"层。

② 将【库】面板中的"荷塘-前景.jpg"拖入"背景"图层。

③ 在【属性】面板【位置和大小】卷展栏中设置其宽、高分别为"520"、"740"。

④ 设置其 x、y 坐标都为"0"。

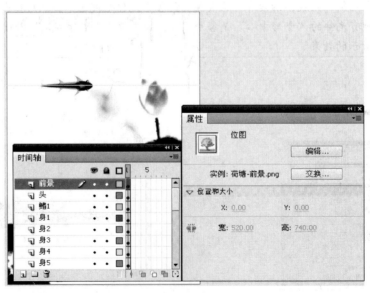

图 7-29　放置前景图片

步骤 3：制作引导层动画。

（1）绘制引导路径，效果如图 7-30 所示。

① 将"前景"图层隐藏。

② 在"头"图层上新建图层并重命名为"路径"层。

③ 按⌨键启动【铅笔】工具。

④ 在舞台上绘制一条曲线作为引导路径。

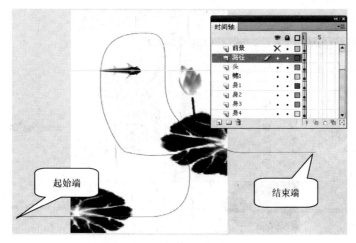

图 7-30　绘制路径

　　　　读者仔细观察可以发现，路径的起始端和结束端都为直线，而中间部分为曲线。这样设置的好处在于方便控制组成鱼儿的各个元件的旋转方向。

（2）调整位置和方向，效果如图 7-31 所示。

① 将组成鱼儿的全部元件选中。

② 移动其位置到路径的起始端，并注意其"变形中心"一定要在引导线上。

图 7-31　将鱼儿放置到起始端

（3）设置关键帧，效果如图 7-32 所示。

① 将所有图层的第 600 帧处插入关键帧。

② 在第 600 帧处将组成鱼儿的全部元件选中。

③ 将其放置到路径的结束端。

图 7-32　将鱼儿放置到结束端

（4）创建补间动画并设置引导层，效果如图 7-33 所示。

① 在组成鱼儿元件所在层的第 1 帧～第 600 帧【创建传统补间】动画。

② 在"路径"图层上单击鼠标右键，在弹出的快捷菜单中选择【引导层】命令将该图层转化为引导层。

③ 将所有组成鱼儿的元件所在的层拖至图层"路径"下面使其成为被引导层。

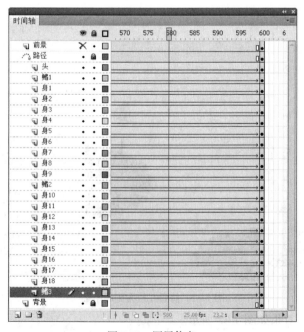

图 7-33　图层信息

（5）按 Enter 键观看影片，发现鱼儿元件在路径上的运动十分别扭，没有鱼儿游动的效果，如图 7-34 所示。

图 7-34　动画效果

（6）设置补间选项，效果如图 7-35 所示。

① 选中组成鱼儿的所有元件所在层的第 1 帧。

② 在【属性】面板【补间】卷展栏中勾选 ☑调整到路径 复选框，如图 7-35 中 A 处所示。

图 7-35　调整到路径

（7）按 Enter 键观看影片，现在鱼儿元件在路径上的运动已经比较自然生动，如图 7-36 所示。

图 7-36　动画效果

步骤 4：按 Ctrl + S 组合键保存影片文件，案例制作完成。

## 7.3 综合应用——制作 "鹊桥相会"

在中国流传着一个神话——隔着长长的银河住着美丽的织女和忠厚的牛郎，他们彼此深爱对方，但每年只能通过喜鹊搭桥才能见一面。本案例将通过引导层动画来重现这一感人的场景，从而进一步带领读者学习并掌握引导层动画的制作思路和方法，操作思路和效果如图 7-37 所示。

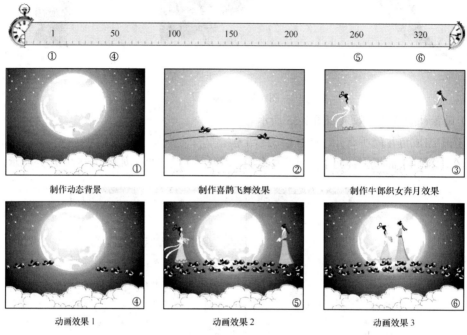

图 7-37　操作思路及效果图

【操作步骤】

步骤 1：设置场景。

（1）运行 Flash CS5。

（2）新建一个 Flash 文档。

（3）设置【文档属性】如图 7-38 所示。

（4）新建图层，效果如图 7-39 所示。

① 连续单击▢按钮新建 3 个图层。

② 重命名各个图层。

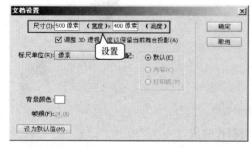

图 7-38　设置文档参数

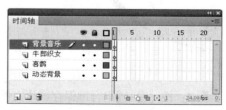

图 7-39　新建图层

步骤 2：导入素材制作背景。

（1）打开外部库获取素材，效果如图 7-40 所示。

① 执行【文件】/【导入】/【打开外部库】命令，打开【打开外部库】对话框。

② 双击打开素材文件"素材\第 7 章\鹊桥相会\外部库\素材.fla"。

③ 将外部库中所有的元件和文件夹都复制粘贴到当前【库】面板中。

图 7-40　打开【外部库】获取素材

（2）制作动态背景，效果如图 7-41 所示。

① 选中"动态背景"图层的第 1 帧。

② 在【库】面板中将名为"动态背景"的元件拖入舞台中。

③ 在【属性】面板的【位置和大小】卷展栏中设置元件的【X】为"250"、【Y】为"200"。

图 7-41　制作动态背景

步骤 3：制作喜鹊飞舞效果。

（1）绘制引导线，效果如图 7-42 所示。

① 选中"喜鹊"图层的第 1 帧。

② 按 N 键启动【线条】工具。

③ 在舞台中绘制线条并细部调整为拱桥形状。

④ 选中绘制的线条，按 Ctrl 键拖动复制出一条，如图 7-42 中 A 处所示。

图 7-42　导入展示图片 1

　此处绘制的路径应尽量接近弯弯的拱桥形状。使用这样的引导线，做出的动画才能表现出桥的意境。

（2）将线条转换为元件，效果如图 7-43 所示。

① 选中场景中的两条引导线。

② 按 F8 键打开【转换为元件】对话框。

③ 设置元件的【类型】为"影片剪辑"、【名称】为"飞舞的喜鹊"。

④ 单击 确定 按钮，完成转换。

⑤ 双击场景中转换后的元件，进入元件编辑状态。

图 7-43　将线条转换为元件

（3）将线条分散到不同的图层，效果如图 7-44 所示。

① 选中场景中的两条引导线，单击右键，在弹出的快捷菜单中选择【分散到图层】命令将两个条线分散到不同的图层。

② 将"图层 1"图层，重命名为"路径下"。

③ 新建一个名为"路径上"的图层。

④ 分别在"路径上"图层、"路径下"图层的第 220 帧处插入普通帧。

　这里设计的场景为让喜鹊从两边进入舞台，"路径上"的喜鹊从舞台左边飞向右边、"路径下"的"喜鹊"从舞台右边飞向左边。

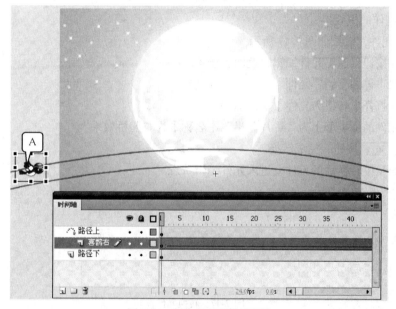

图 7-44　将线条分散到不同的图层

（4）制作向右飞舞的喜鹊，效果如图 7-45 所示。

① 在"路径下"图层上面新建一个图层并重命名为"喜鹊右"。

② 将"向右飞的喜鹊"元件拖入"喜鹊右"图层。

③ 在"喜鹊右"图层的第 1 帧调整元件在引导线的左端，如图 7-45 中 A 处所示。

④ 在"喜鹊右"图层的第 220 帧插入一个关键帧，并调整元件在引导线的右端。

⑤ 在"喜鹊右"图层的第 1 帧～第 220 帧创建传统补间动画。

⑥ 将"路径上"图层转化为引导层，将"喜鹊右"图层转化为其被引导层。

图 7-45　制作向右飞舞的喜鹊

　　　设置元件位置的时候一定要注意要将元件的"变形中心"放到路径上，如果变形中心未在路径上，引导层动画创建将会失败。

（5）制作向左飞舞的喜鹊，效果如图 7-46 所示。

① 在"路径下"图层上面新建一个名为"喜鹊左"图层。

② 将"喜鹊左"图层拖至"路径下"图层的下边。

③ 将"向左飞的喜鹊"元件拖入"喜鹊左"图层。

④ 在"喜鹊左"图层的第 1 帧调整元件在引导线的右端。

⑤ 在"喜鹊左"图层的第 220 帧插入一个关键帧，并调整元件在引导线的左端。

⑥ 在"喜鹊左"图层的第 1 帧～第 220 帧创建传统补间动画。

⑦ 将"路径下"图层转化为引导层，将"喜鹊左"图层转化为其被引导层。

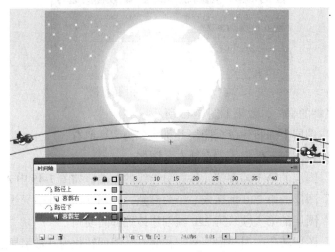

图 7-46　制作向左飞舞的喜鹊

步骤 4：制作鹊桥效果。

（1）转换元件，效果如图 7-47 所示。

① 单击 按钮，退出元件编辑，返回主场景。

② 选中"飞舞的喜鹊"元件。

③ 按 键打开【转换为元件】对话框。

④ 设置元件的【类型】为"影片剪辑"、【名称】为"鹊桥效果"。

⑤ 单击 确定 按钮，完成转换。

⑥ 双击场景中转换后的元件，进入元件编辑状态。

图 7-47　转换元件

（2）制作连续的喜鹊飞舞效果，效果如图 7-48 所示。

① 在"图层 1"的第 200 帧处插入一个普通帧。

② 选中"鹊桥效果"元件，按 Ctrl + C 组合键复制该元件。

③ 在第 20 帧处插入关键帧，并在该帧处按 Ctrl + Shift + V 组合键粘贴该元件。

④ 使用相同的方法，每隔 20 帧插入关键帧并粘贴该元件直到第 200 帧。

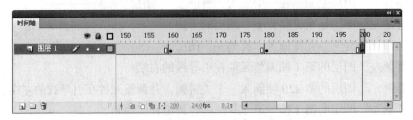

图 7-48　制作连续的喜鹊飞舞效果

此操作是利用元件运行的时间差来制作喜鹊连续飞舞的效果。

（3）添加代码，效果如图 7-49 所示。

① 新建一个图层并重命名为"代码"层。

② 在第 200 帧插入一个关键帧。

③ 选中第 200 帧，按 F9 键打开【动作-帧】面板。

④ 输入代码："stop();"。

图 7-49　添加代码

步骤 5：制作牛郎织女奔月动画。

（1）绘制人物路径，效果如图 7-50 所示。

① 返回主场景中，选中"牛郎织女"图层的第 1 帧。

② 绘制一条和"鹊桥"曲线相似的引导线。

③ 将其转换为名为"牛郎织女"的影片剪辑元件。

④ 双击元件，进入元件编辑状态。

图 7-50　绘制人物路径

（2）新建图层，效果如图 7-51 所示。

① 将"图层 1"图层重命名为"路径"层。

② 在"路径"图层的第 320 帧插入一个普通帧。

③ 新建两个图层并依次命名为"牛郎"层和"织女"层。

④ 将"牛郎"图层和"织女"图层拖到"路径"图层的

图 7-51　新建图层

下面。

（3）制作牛郎奔月动画，效果如图 7-52 所示。

① 在"牛郎"图层的第 220 帧处插入一个关键帧，将【库】面板中的"牛郎"元件拖入图层。

②在【变形】面板中设置"牛郎"元件的【大小】为"30%"。

③按钮键启动【任意变形】工具，调整元件的中心点在元件的下端。

④移动"牛郎"元件至路径的右端。

⑤在第 320 帧处插入一个关键帧，移动"牛郎"元件的在路径的中心偏右。

⑥在第 220 帧～第 320 帧创建传统补间动画。

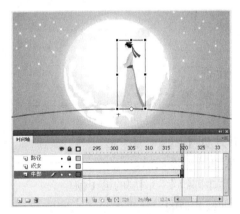

图 7-52　制作牛郎奔月动画

（4）用同样的方法制作织女奔月动画效果，如图 7-53 所示。

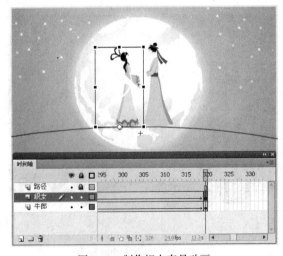

图 7-53　制作织女奔月动画

（5）将"路径"图层转化为引导层，将"牛郎"和"织女"图层转化为被引导层，如图 7-54 所示。

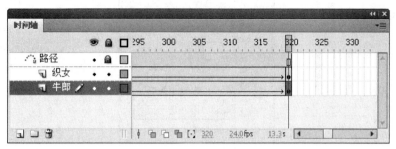

图 7-54　转换引导层

（6）添加代码，效果如图 7-55 所示。

① 新建一个图层并重命名为"代码"层。

② 在第 320 帧插入一个关键帧。

③ 选中第 320 帧，按【F9】键打开【动作-帧】面板。

④ 输入代码："stop();"。

（7）添加声音，效果如图 7-56 所示。

① 单击 按钮，退出元件编辑，返回主场景。

② 执行【文件】/【导入】/【导入到库】命令，打开【导入到库】对话框。

③ 双击导入素材文件"素材\第 7 章\户外广告\声音\this love.mp3"到【库】面板中。

④ 选中"背景音乐"图层的第 1 帧。

⑤ 在【属性】面板的【声音】卷展栏中设置声音的【名称】为"this love.mp3"，如图 7-56 中 A 处所示。

图 7-55　添加代码

⑥ 设置声音的【同步】为"事件"和"循环"，如图 7-56 中 B 处所示。

步骤 6：按【Ctrl】+【S】组合键保存影片文件，案例制作完成。

图 7-56　添加声音

**【知识拓展】——绘制平滑曲线**

在制作引导层动画时，一般情况下由于对引导线的精度要求并不是太高，因此可以使用【铅笔】工具进行快速绘制。但在默认情况下，使用【铅笔】工具绘制的曲线往往很粗糙，从而影响动画效果，使用如下方法可以使绘制的曲线变得平滑。

**【操作步骤】**

（1）按 键启动【铅笔】工具。

（2）使用默认设置在舞台中绘制一条曲线。

（3）在工具栏底部单击 按钮，在弹出的快捷菜单中选择【平滑】。

（4）再次在舞台中绘制一条曲线，从绘制结果可明显看出曲线变得更加平滑。最终操作效果如图 7-57 所示。

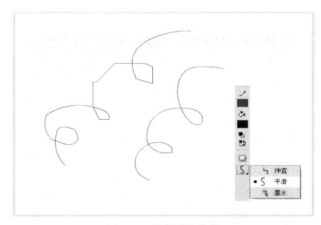

图 7-57　绘制平滑曲线

# 小　　结

引导层动画在制作具有特定运动轨迹且轨迹无规律的动画中具有非常重要的意义。制作动画时，引导层并不显示出来，主要起到辅助作用，设置引导层和引导路径以后，与之相连的下一层里面的对象就会按照引导层中的引导路径来运动。

# 思考与练习

1. 引导层动画的原理是什么？
2. 使用一个简单的元件练习引导层动画制作原理。
3. 使用引导层动画原理制作一个蝴蝶戏花场景效果，如图 7-58 所示（在素材文件中"素材\第 7 章\蝴蝶戏花"文件夹中提供本题目所需素材）。

图 7-58　素材 1

4. 使用多层引导原理制作一个贪吃蛇游戏效果，如图 7-59 所示（在素材文件中"素材\第 7 章\贪吃蛇"文件夹中提供本题目所需素材）。

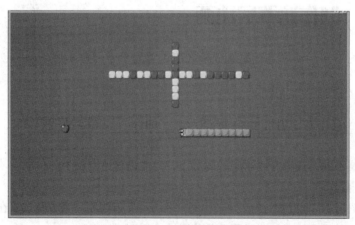

图 7-59　素材 2

# 第 **8** 章

# 制作遮罩层动画

遮罩（MASK）亦称作蒙版，其技术实现至少需要两个图层相互配合，透过上一图层的图形显示下面图层的内容。由于这种技术实现形式较特殊，使得遮罩动画成为 Flash 动画中的重要组成部分。在实现一些特殊动画效果时常用到遮罩层动画。

【教学目标】
- 掌握遮罩层动画的创建方法和原理。
- 掌握利用遮罩层动画制作特殊效果的方法。
- 学习利用遮罩层动画表达艺术创意。

## 8.1 制作遮罩层动画

在开始对遮罩层动画进行案例分析之前，首先来学习遮罩层动画的创建方法及其原理。

### 8.1.1 遮罩层动画基本训练——制作"云彩文字"

与普通层不同，在具有遮罩层的图层中，只能透过遮罩层上的形状，才可以看到被遮罩层上的内容。

如在"图层 1"上放置一幅背景图，在"图层 2"上绘制一个五角星。在没有创建遮罩层之前，五角星遮挡了与背景图重叠的区域，如图 8-1 所示。

将"图层 2"转换为遮罩层之后，可以透过遮罩层（"图层 2"）上五角星看到被遮罩层（"图层 1"）中与五角星重叠的区域，如图 8-2 所示。

由于遮罩的这一特殊的技术实现形式，使得遮罩在制作需要显示特定图形区域的动画中有着及其重要的作用。例如，水流效果和过光效果等，都是遮罩的经典应用。

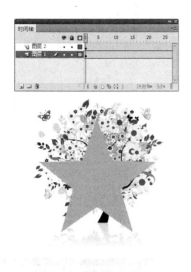

图 8-1  遮罩前的效果

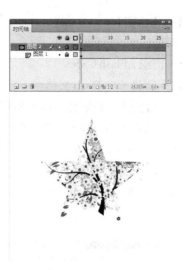

图 8-2  遮罩后的效果

 遮罩层中的对象必须是色块、文字、符号、影片剪辑元件（MovieClip）、按钮或群组对象，而被遮层中的对象不受限制。

　　使用遮罩层动画可以制作出丰富的文字特效，本案例将制作一个精美的云彩文字效果，操作思路及效果如图 8-3 所示。

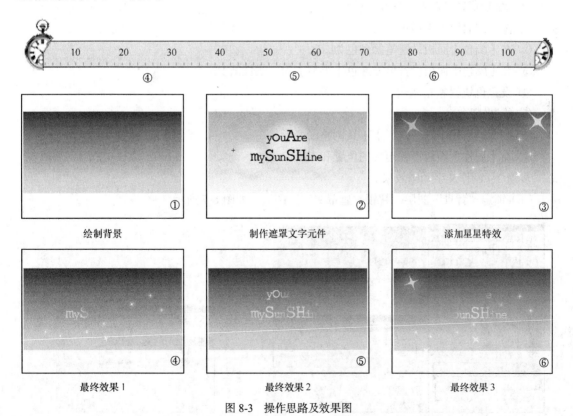

绘制背景　①　　　　　制作遮罩文字元件　②　　　　　添加星星特效　③

最终效果 1　④　　　　　最终效果 2　⑤　　　　　最终效果 3　⑥

图 8-3  操作思路及效果图

**【操作步骤】**

步骤 1：绘制背景。

（1）运行 Flash CS5。

（2）新建一个 Flash 文档。

（3）设置【文档属性】如图 8-4 所示。

（4）新建图层，效果如图 8-5 所示。

① 连续单击 按钮新建图层。

② 重命名各个图层。

③ 锁定除"背景"以外的图层。

④ 单击"背景"图层的第 1 帧。

图 8-4　设置文档参数　　　　　　　　　　　图 8-5　新建图层

（5）绘制背景，效果如图 8-6 所示。

① 按 键启用【矩形】工具。

② 在【颜色】面板设置笔触颜色为 。

③ 在【颜色】面板设置填充颜色【类型】为"线性渐变"。

④ 设置色块颜色。

⑤ 绘制矩形。

⑥ 按 键启用【渐变变形】工具调整渐变形状。

⑦ 在【属性】面板设置矩形的位置和大小。

步骤 2：制作文字动画效果。

（1）锁定"背景"图层，解锁"遮罩文字"图层，如图 8-7 所示。

图 8-6　绘制背景　　　　　　　　　　　　　图 8-7　锁定图层

（2）输入字母，效果如图 8-8 所示。

① 按 键启用【文本】工具。

② 设置文本【字体】为 "Miriam Fixed"（读者可以设置为自己喜欢的字体或者自行购买外部字体库）。

③ 输入 "you Are my SunSHine"。

④ 对单个文字的大小进行调整。

⑤ 在【属性】面板设置文字的位置。

（3）创建 "遮罩文字" 元件，效果如图 8-9 所示。

① 确认舞台上的文字处于被选中状态。

② 按 键打开【转换为元件】对话框。

③ 设置元件的名称和类型。

④ 单击 确定 按钮完成创建。

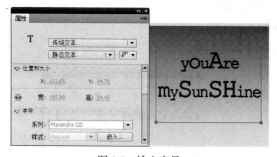

图 8-8　输入字母

图 8-9　创建 "遮罩文字" 元件

（4）新建图层，效果如图 8-10 所示。

① 双击进入 "遮罩文字" 元件编辑状态。

② 重命名 "图层 1" 为 "文字" 图层。

③ 创建图层并重命名为 "图形" 图层。

④ 将 "图形" 图层拖到 "文字" 图层下面。

⑤ 单击激活 "图形" 图层的第 1 帧。

（5）绘制图形元件，效果如图 8-11 所示。

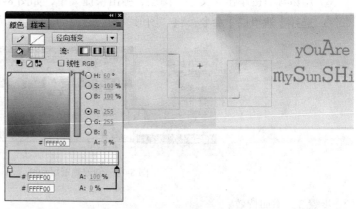

图 8-10　新建图层

图 8-11　绘制图形元件

① 按 键启用【椭圆】工具。

② 在【颜色】面板设置颜色【类型】为"径向渐变"。

③ 设置色块颜色。

④ 在【工具】栏下方按下 按钮启用【对象绘制】功能。

⑤ 按住 Shift 键绘制 3 个圆形。

（6）创建"图形"元件，效果如图 8-12 所示。

① 按 键启用【选择】工具。

② 同时选中绘制的 3 个圆形。

③ 按 键打开【转换为元件】对话框。

④ 设置元件的名称和类型。

⑤ 单击 确定 按钮完成创建。

（7）图层操作，效果如图 8-13 所示。

① 在"文字"和"图形"图层的第 110 帧处插入帧。

② 在"图形"图层的第 100 帧处插入关键帧。

③ 在第 100 帧处将"图形"元件水平移动到文字的左侧。

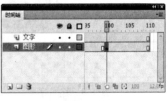

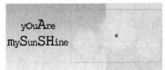

图 8-12　创建"图形"元件　　　　　　　图 8-13　图层操作

（8）创建遮罩层动画，效果如图 8-14 所示。

① 在"图形"图层的第 1 帧～第 100 帧创建传统补间动画。

② 用鼠标右键单击"文字"图层，弹出快捷菜单，如图 8-14 中 A 处所示。

③ 选择【遮罩层】命令，将"图形"图层转换为遮罩层，如图 8-14 中 B 处所示。

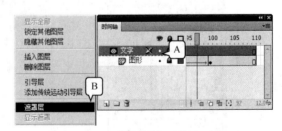

图 8-14　创建遮罩层动画

步骤 3：添加特效。

（1）单击 返回主场景。

192

（2）锁定"遮罩文字"图层，取消锁定"星星"图层，如图 8-15 所示。

（3）导入"星星"元件，效果如图 8-16 所示。

① 执行【文件】/【导入】/【打开外部库】命令，打开【作为库打开】对话框。

② 双击打开素材文件"素材\第 8 章\素材\精美云彩文字效果\星星.fla"。

③ 将外部库中的"星星"元件拖放到"星星"图层。

④ 在【属性】面板中设置星星元件的位置。

图 8-15　解锁图层

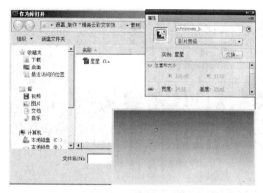

图 8-16　导入"星星"元件

步骤 4：按 Ctrl + 9 组合键保存影片文件，案例制作完成。

## 8.1.2　遮罩层动画提高应用——制作"塔桥下的湖面"

使用遮罩层动画可以制作出许多特效，其中典型的如水流特效，很好地展示了遮罩层动画的应用。本案例将制作湖面水流动画，操作思路及效果如图 8-17 所示。

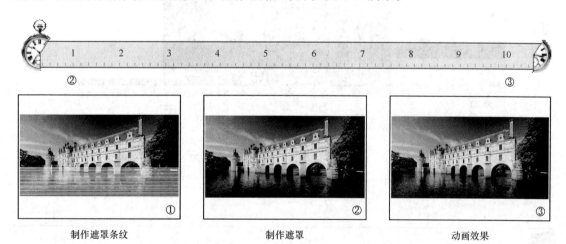

制作遮罩条纹　　　　　制作遮罩　　　　　动画效果

图 8-17　操作思路及效果图

【操作步骤】

步骤 1：布置场景。

（1）运行 Flash CS5。

（2）打开制作模板，效果如图 8-18 所示。

按 [Ctrl]+[O] 组合键打开素材文件"素材\第 8 章\塔桥下的湖面\塔桥下的湖面-模板.fla"。模板主场景中已为案例制作布置好背景。

（3）新建图层，效果如图 8-19 所示。

① 双击舞台上的图形元件进入元件编辑状态。

② 单击两次 🔲 按钮新建图层。

③ 重命名各图层。

图 8-18  打开制作模板

图 8-19  新建图层

（4）放置湖面，效果如图 8-20 所示。

① 选中"湖面"图层。

② 按 [Ctrl]+[L] 组合键打开【库】面板。

③ 将"湖面.png"图片放置到舞台中。

④ 在【属性】面板【位置和大小】卷展栏中设置图片位置，如图 8-20 中 A 处所示。

图 8-20  放置湖面

提示

"湖面"图片必须与背景中的湖面错开一定位置，这样才能产生图像跳动的动画。

步骤 2：制作遮罩。

（1）绘制遮罩用形状，效果如图 8-21 所示。

① 选中"遮罩"图层。

② 按 ⓡ键启用【矩形】工具。

③ 在【属性】面板【填充和笔触】卷展栏设置【笔触颜色】为"无"。

④ 绘制矩形。

⑤ 在【属性】面板【位置和大小】卷展栏设置矩形大小。

⑥ 复制矩形。

⑦ 调整各矩形位置。

图 8-21　绘制遮罩用形状

　绘制遮罩图形是制作遮罩动画的关键步骤。本案例中需要条纹型遮罩模拟水的流动效果，两条纹之间空隙的高度应大致等于条纹的高度，这样才能使图案的跳动更为逼真。案例中，笔者共制作了 22 条矩形条纹，顶部条纹与底部条纹的距离差为"174"。读者可以运用【对齐】工具调整条纹位置。

（2）制作遮罩用元件，效果如图 8-22 所示。

① 选中所有条纹。

② 按 ⓕ键打开【转换为元件】对话框。

③ 设置元件名称及类型，如图 8-22 中 A 处和 B 处所示。

④ 单击 确定 按钮。

图 8-22　制作遮罩用元件

（3）设置遮罩层动画，效果如图 8-23 所示。

① 移动时间滑块至第 1 帧。

② 在【属性】面板中设置"遮罩"元件位置。

③ 在"遮罩"图层的第 10 帧处插入关键帧。

④ 在【属性】面板中设置"遮罩"元件位置。

⑤ 为"遮罩"图层的第 1 帧～第 10 帧创建传统补间。

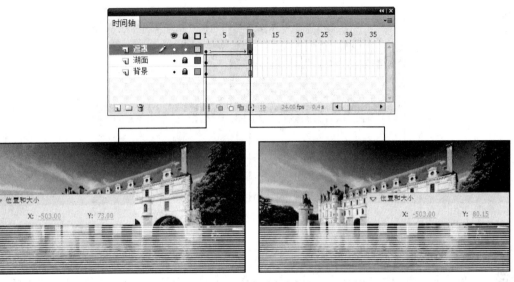

图 8-23　设置遮罩层动画

**提示**　　　　读者需明白，水流效果是依靠遮罩条纹的上下移动而产生的，水流效果的逼真程度与遮罩条纹的移动程度息息相关，读者可多作调整。

（4）设置遮罩层，效果如图 8-24 所示。

① 用鼠标右键单击"遮罩"图层。

② 在弹出的快捷菜单中选择"遮罩层"。

步骤 3：按 Ctrl + S 组合键保存影片文件，案例制作完成。

图 8-24　设置遮罩层

# 8.2 多层遮罩动画

通过前面的学习，相信读者已经掌握了遮罩层动画的创建方法和设计原理，在本节中，将利用多层遮罩来制作较复杂的 Flash 动画。

## 8.2.1 多层遮罩动画基本训练——制作"星球旋转"

将普通图层拖动到遮罩层或被遮罩层的下面，即可将普通图层转化为其被遮罩层，在一组遮罩中，遮罩层只能有一个，而被遮罩层可以有多个，那就是多层遮罩，如图 8-25 所示。其中"图层 1"为遮罩层,其余的所有图层都是被遮罩层。

多层遮罩的创建原理十分简单,但是要利用多层遮罩动画做出精美的动画作品应该注意以下几点。

- 从现实生活中寻找创作灵感。
- 使用遮罩层动画来模拟表达创意。
- 多种动画技术结合使用。
- 在制作过程中不断完善自己的作品。

图 8-25 多层遮罩

使用多层遮罩层动画还可以制作出超炫的三维球体旋转效果,本案例将制作一个模拟地球旋转的动画,操作思路及效果如图 8-26 所示。

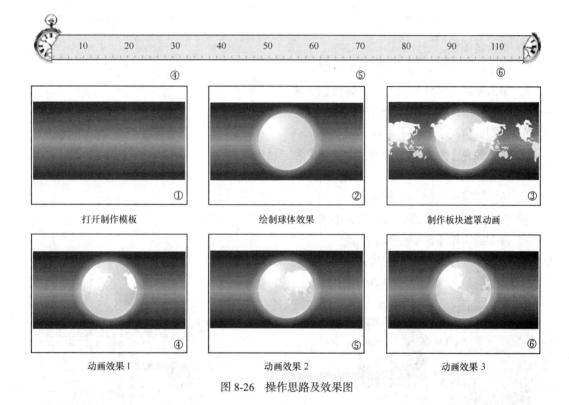

图 8-26 操作思路及效果图

【操作步骤】

步骤 1:打开制作模板。

(1)运行 Flash CS5。

(2)打开制作模板,效果如图 8-27 所示。

按 Ctrl + O 组合键打开素材文件"素材\第 8 章\星球旋转效果\星球旋转效果-模板.fla"。模板主场景中已为案例制作布置好背景。

步骤 2:绘制素材。

(1)图层操作,效果如图 8-28 所示。

① 在所有图层的第 125 帧处插入帧。

② 在"繁星"图层之上创建新图层。

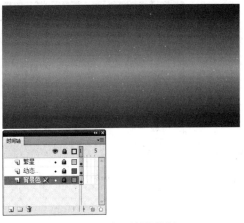

图 8-27　打开制作模板

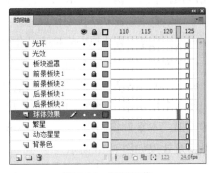

图 8-28　图层操作

③ 重命名图层。

④ 锁定除"球体效果"以外的所有图层。

⑤ 单击激活"球体效果"图层的任意一帧。

（2）绘制球体，效果如图 8-29 所示。

① 按 ○ 键启用【椭圆】工具。

② 在【颜色】面板中设置颜色【类型】为"径向渐变"。

③ 设置色块颜色。

④ 按住 Shift 键绘制一个圆形。

⑤ 在【属性】面板设置圆形的大小和位置。

⑥ 按 F 键启用【渐变变形】工具。

⑦ 调整圆的渐变变形，使其具有球体效果。

（3）图层操作，效果如图 8-30 所示。

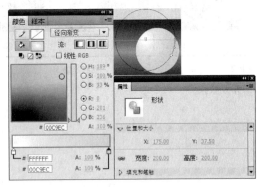

图 8-29　绘制球体

图 8-30　图层操作

① 锁定"球体效果"图层。

② 取消锁定"光效"图层。

③ 单击选中"球体效果"图层的任意一帧。

④ 按 Ctrl + Alt + C 组合键复制该帧。

⑤ 单击选中"光效"图层的第 1 帧。

⑥ 按 [Ctrl]+[Alt]+[V] 组合键粘贴该帧。

（4）调整光效，效果如图 8-31 所示。

① 按 [F] 键启用【渐变变形】工具。

② 选中"光效"图层上的圆形。

③ 在【颜色】面板中设置色块颜色和位置。

④ 调整渐变变形形状，使其符合球体的反光效果。

（5）图层操作，效果如图 8-32 所示。

① 取消锁定"光环"图层。

② 单击选中"光效"图层的任意一帧。

③ 按 [Ctrl]+[Shift]+[C] 组合键复制该帧。

④ 单击选中"光环"图层的第 1 帧。

⑤ 按 [Ctrl]+[Shift]+[V] 组合键粘贴该帧。

⑥ 锁定"光效"图层。

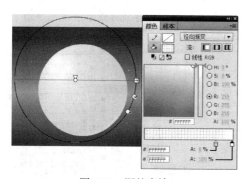

图 8-31　调整光效

图 8-32　图层操作

（6）调整光环圆的大小，效果如图 8-33 所示。

① 按 [Q] 键启用【任意变形】工具。

② 按住 [Shift]+[Alt] 组合键。

③ 使用鼠标拖曳图形。

（7）调整光环效果，效果如图 8-34 所示。

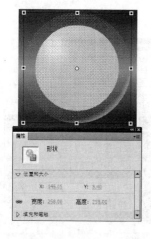

图 8-33　调整光环圆的大小

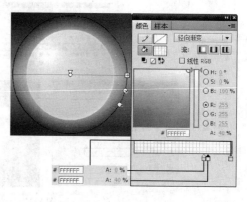

图 8-34　调整光环效果

① 按 🄵 键启用【渐变变形】工具。

② 选中"光环"图层上的圆形。

③ 在【颜色】面板中设置色块颜色和位置。

④ 调整渐变变形形状，使其符合球体的发光效果。

步骤 3：制作球体旋转效果。

（1）图层操作，效果如图 8-35 所示。

① 锁定"光环"图层。

② 取消锁定"板块遮罩"图层。

③ 单击选中"光效"图层的任意一帧。

④ 按 Ctrl + Alt + C 组合键复制该帧。

⑤ 单击选中"板块遮罩"图层的第 1 帧。

⑥ 按 Ctrl + Alt + V 组合键粘贴该帧。

（2）锁定"板块遮罩"图层，取消锁定"前景板块 1"，如图 8-36 所示。

图 8-35　图层操作

图 8-36　图层操作

（3）制作"前景板块 1"动画，效果如图 8-37 所示。

① 将【库】面板中的"地球板块"元件拖放到"前景板块 1"图层上释放。

② 在【属性】面板中设置元件的位置。

③ 在"前景板块 1"图层的第 125 帧处插入关键帧。

④ 在第 125 帧处设置"前景板块 1"元件的位置。

⑤ 在第 1 帧～第 125 帧创建传统补间动画。

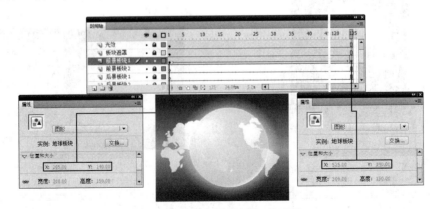

图 8-37　制作"前景板块 1"动画

（4）图层操作，效果如图 8-38 所示。

① 锁定"前景板块 1"图层。

② 取消锁定"前景板块 2"图层。

③ 在"前景板块 2"的第 50 帧处插入关键帧。

图 8-38  图层操作

（5）制作"前景板块 2"动画，效果如图 8-39 所示。

① 在"前景板块 2"图层的第 50 帧处，将"地球板块"元件从【库】中拖入舞台。

② 在【属性】面板中设置元件的位置。

③ 在"前景板块 2"图层的第 125 帧处插入关键帧。

④ 在第 125 帧处设置"前景板块 2"元件的位置。

⑤ 在第 50 帧～第 125 帧创建传统补间动画。

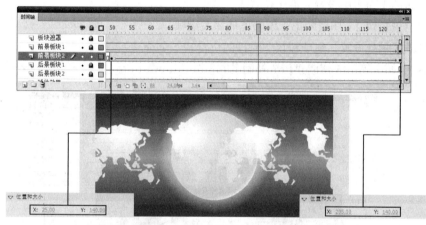

图 8-39  制作"前景板块 2"动画

（6）锁定"前景板块 2"，取消锁定"后景板块 1"，如图 8-40 所示。

（7）制作"后景板块 1"动画，效果如图 8-41 所示。

① 将【库】面板中的"地球板块"元件拖放到"后景板块 1"图层上释放。

② 确认"地球板块"元件被选中，执行【修改】/【变形】/【水平翻转】命令将"地球板块"元件翻转。

图 8-40  图层操作

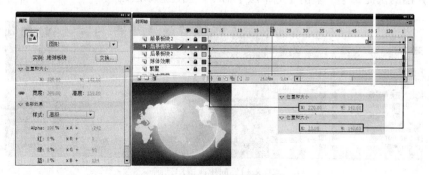

图 8-41  制作"后景板块 1"动画

③ 在【属性】面板中设置元件的位置和色彩效果。

④ 在"后景板块 1"图层的第 125 帧处插入关键帧。

⑤ 在第 125 帧处设置"地球板块"元件的位置。

⑥ 在第 1 帧～第 125 帧创建传统补间动画。

（8）锁定"后景板块 1"，取消锁定"后景板块 2"，如图 8-42 所示。

图 8-42　图层操作

（9）制作"后景板块 2"动画，效果如图 8-43 所示。

① 选中"后景板块 1"图层的第 125 帧。

② 按 Ctrl + Shift + C 组合键复制该帧。

③ 单击选中"后景板块 2"图层的第 15 帧。

④ 按 Ctrl + Shift + V 组合键粘贴该帧。

⑤ 在【属性】面板中设置元件【位置】。

⑥ 在"后景板块 2"图层的第 125 帧处插入关键帧。

⑦ 在第 125 帧处设置"地球板块"元件的位置。

⑧ 在第 15 帧～第 125 帧创建传统补间动画。

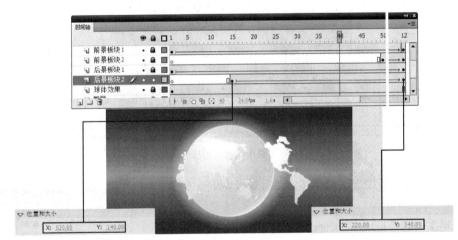

图 8-43　制作"后景板块 2"动画

（10）创建遮罩层动画，效果如图 8-44 所示。

① 在"板块遮罩"图层上单击右键。

② 在弹出的快捷菜单中单击【遮罩层】命令，创建遮罩层动画。

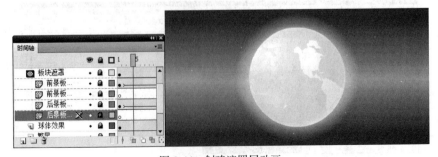

图 8-44　创建遮罩层动画

③ 使用拖动方式将"前景板块 2"、"后景板块 1"、"后景板块 2"图层转换为其被遮罩层。

④ 按 [Ctrl]+[Enter] 组合键测试播放影片即可预览效果。

步骤 4：按 [Ctrl]+[s] 组合键保存影片文件，案例制作完成。

## 8.2.2　多层遮罩动画提高应用——制作"影集切换效果"

现在的电子相册非常风行，使用 flash 制作一个最终属于自己的电子相册是非常有趣的事情，本案例将使用遮罩动画制作影集切换效果，操作思路及效果如图 8-45 所示。

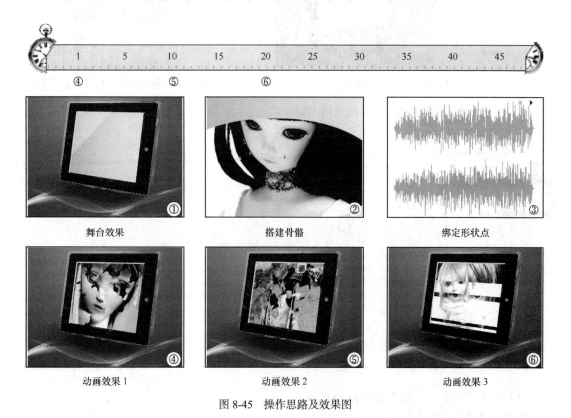

图 8-45　操作思路及效果图

**【操作步骤】**

步骤 1：打开制作模板分析。

（1）运行 Flash CS5。

（2）打开制作模板，效果如图 8-46 所示。

按 [Ctrl]+[o] 组合键打开素材文件"素材\第 8 章\影集切换效果\影集切换效果-模板.fla"。模板主场景中已为案例制作布置好舞台。【库】面板中已有案例所需素材。

（3）取消锁定"相册效果"图层，如图 8-47 所示。

步骤 2：编辑"相册效果"元件。

（1）双击舞台上的"相册效果"元件，进入"相册效果"元件内部进行编辑，如图 8-48 所示，其中"位置"图层上的图形可以方便用户匹配显示位置。

（2）图层操作，效果如图 8-49 所示。

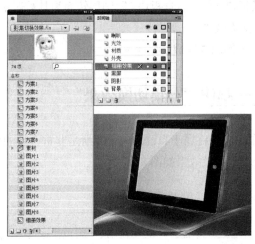

图 8-46　打开制作模板

图 8-47　取消锁定"相册效果"图层

① 在"位置"图层的第 1 200 帧处插入帧。

② 新建两个图层。

③ 重命名图层。

图 8-48　编辑"相册效果"元件

图 8-49　图层操作

（3）放置"图片 1"，效果如图 8-50 所示。

① 将【库】面板中的"图片 1"拖放到"图片 1"图层上释放。

② 设置图片与舞台居中对齐，设置后"图片 1"刚好遮挡住"位置"图层上的图形。

（4）放置"方案 1"元件，效果如图 8-51 所示。

① 将【库】面板中的"方案 1"元件拖放到"遮罩 1"图层上。

② 在【属性】面板中设置类型为"图形"，如图 8-51 中 A 处所示。

③ 在【循环】卷展栏中设置【选项】为"循环"，如图 8-51 中 B 处所示。

图 8-50　放置"图片 1"

④ 拖动时间滑块，观察舞台上"方案 1"元件的变化，到"方案 1"元件第一次循环结束处停止拖动（"方案 1"第一次循环结束在第 31 帧处）。

⑤ 在第 31 帧处调整舞台上"方案 1"元件的位置使其完全覆盖"位置"图层上的图形。

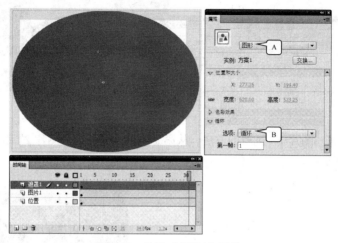

图 8-51　放置"方案 1"元件

（5）设置"方案 1"元件属性，效果如图 8-52 所示。

① 在【属性】面板中设置元件类型为"影片剪辑"。

② 在"遮罩 1"图层的第 31 帧处插入空白关键帧。

图 8-52　设置"方案 1"元件属性

**提示**

此处的操作非常有效地应用了"图形"元件和"影片剪辑"元件受时间轴控制具有不同效果的特性。首先是通过利用"图形"元件具有跟随时间轴播放的特性来确定"方案 1"第一次循环结束的位置，而后将"图形"元件转化为"影片剪辑"元件是为了保证遮罩动画的正确性。读者可以尝试把在场景中的"方案"元件设置为"图形"元件后，再测试观察最终效果有何变化。

（6）创建遮罩层动画，效果如图 8-53 所示。

① 在"遮罩 1"图层上单击鼠标右键。

② 在弹出的快捷菜单中单击【遮罩层】命令，创建遮罩层动画。

③ 按 Ctrl + Enter 组合键测试播放影片即可预览效果。

（7）新建图层，效果如图 8-54 所示。

① 在"遮罩 1"图层上新建两个图层。

② 分别重命名图层为"图片 2"和"遮罩 2"。

③ 分别为"图片 2"和"遮罩 2"图层的第 131 帧处插入空白关键帧。

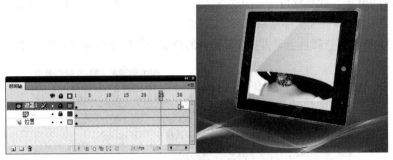

图 8-53　创建遮罩层动画

（8）使用与制作"图片 1"遮罩的方法，从第 131 帧处开始为"图片 2"制作遮罩动画，图层及效果如图 8-55 所示。

图 8-54　新建图层

图 8-55　为"图片 2"制作遮罩动画

（9）通过制作"图片 1"和"图片 2"的方法制作剩余图片的切换效果。注意每个图片和前一个图片的切换间隔帧数为 100 帧。

（10）添加背景音乐，效果如图 8-56 所示。

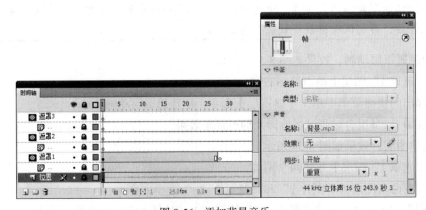

图 8-56　添加背景音乐

① 选中"位置"图层的第 1 帧。

② 在【属性】面板的【声音】卷展栏中设置【名称】为"背景.mp3"。

③ 设置【同步】为"开始"。

步骤 3：按 Ctrl + s 组合键保存影片文件，案例制作完成。

## 8.3　综合应用——制作"溢彩MP4"

本案例将通过制作一个产品广告的综合实例，带领读者进一步理解和掌握 Flash CS5 的应用方法，操作思路及效果如图 8-57 所示。

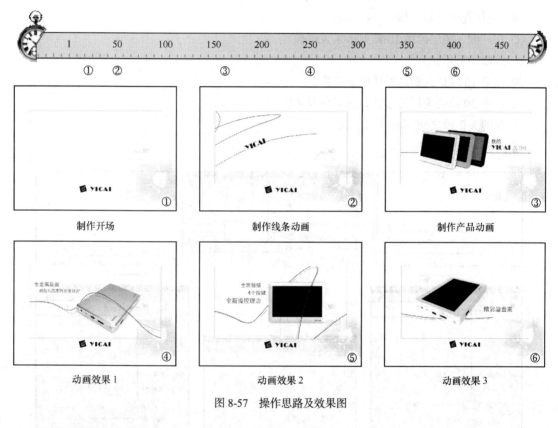

图 8-57　操作思路及效果图

【操作步骤】

步骤 1：制作线条动画。

（1）运行 Flash CS5。

（2）打开制作模板，如图 8-58 所示。

按 Ctrl + o 组合键打开素材文件"素材\第 8 章\溢彩 MP4\溢彩 MP4-模板.fla"。在舞台上已放置背景元件。已创建动画所需元件。

（3）新建图层，效果如图 8-59 所示。

① 连续单击 按钮新建图层。

② 重命名各个图层。

图 8-58　打开制作模板

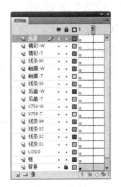

图 8-59　激活"背景图"图层

（4）制作外框，效果如图 8-60 所示。

① 在"框"图层的第 10 帧处插入关键帧。

② 绘制矩形形状。

③ 在第 10 帧处为矩形形状设置位置。

④ 在第 20 帧处为矩形形状设置变形及颜色。

⑤ 在两关键帧之间创建补间形状。

⑥ 为补间设置缓动。

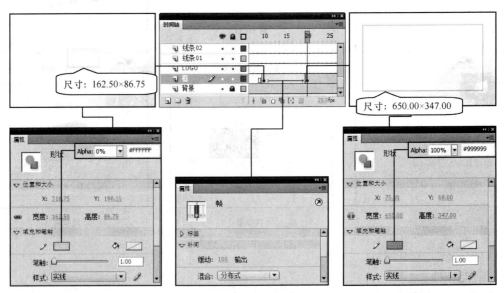

图 8-60　制作外框

（5）制作"LOGO"元件的入场，效果如图 8-61 所示。

① 在"LOGO"图层的第 15 帧处插入关键帧。

② 将"LOGO"元件从【库】面板拖入舞台。

③ 设置"LOGO"元件的位置属性。

④ 在第 15 帧处为元件设置位置及 Alpha 透明度。

⑤ 在第 20 帧处为元件设置 Alpha 透明度。

⑥ 在两关键帧之间创建传统补间。

图 8-61   制作"LOGO"元件的入场

（6）制作"线条 01"动画，效果如图 8-62 所示。

① 在"线条 01"图层的第 20 帧处插入关键帧。

② 将"线条 01"元件拖入舞台。

③ 在第 20 帧处为元件设置位置及循环方式。

④ 在第 40 帧处为元件设置位置。

⑤ 在第 50 帧处为元件设置位置及 Alpha 透明度。

⑥ 在第 20 帧～第 40 帧及第 40 帧～第 50 帧创建传统补间。

⑦ 在第 51 帧处插入空白关键帧。

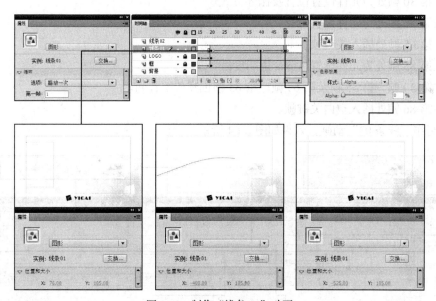

图 8-62   制作"线条 01"动画

提示
　　　请不要随意改变元件的中心点位置，它与元件的位置参数紧密相关。

（7）制作"线条 02"动画，效果如图 8-63 所示。

① 在"线条 02"图层的第 30 帧处插入关键帧。

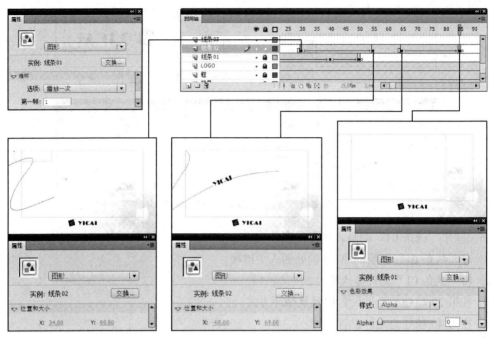

图 8-63　制作"线条 02"动画

② 将"线条 02"元件拖入舞台。

③ 在第 30 帧处为元件设置位置及循环方式。

④ 在第 55 帧处为元件设置位置。

⑤ 在第 65 帧处插入关键帧。

⑥ 在第 85 帧处为元件设置 Alpha 透明度。

⑦ 在第 30 帧～第 55 帧及第 65 帧～第 85 帧创建传统补间。

⑧ 在第 86 帧处插入空白关键帧。

（8）制作"线条 03"动画，效果如图 8-64 所示。

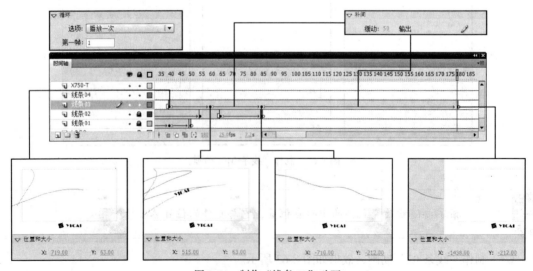

图 8-64　制作"线条 03"动画

① 在"线条 03"图层的第 40 帧处插入关键帧。

② 将"线条 03"元件拖入舞台。

③ 在第 40 帧处为元件设置位置及循环方式。

④ 分别在第 60 帧，第 85 帧，第 180 帧处为元件设置位置。

⑤ 为所设置的关键帧创建传统补间。

⑥ 为第 60 帧～第 85 帧及第 85 帧～第 180 帧的补间设置缓动。

⑦ 在第 181 帧处插入空白关键帧。

（9）制作"线条 04"动画，效果如图 8-65 所示。

① 在"线条 04"图层的第 85 帧处插入关键帧。

② 将"线条 04"元件拖入舞台。

③ 在第 85 帧处为元件设置位置及循环方式。

④ 分别在第 180 帧、第 195 帧、第 260 帧、第 265 帧处为元件设置位置。

⑤ 为所设置的关键帧创建传统补间。

⑥ 为第 85 帧～第 180 帧，第 180 帧～第 195 帧及第 260 帧～第 267 帧的补间设置缓动。

⑦ 在第 268 帧处插入空白关键帧。

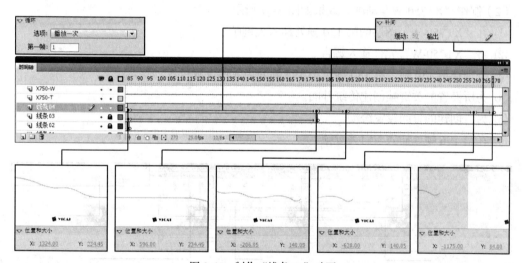

图 8-65　制作"线条 04"动画

　　　　　本例中若需设置循环方式，则应在动画开始帧处设置，而后设置动画。

步骤 2：制作产品动画。

（1）制作"XT750-T"动画，效果如图 8-66 所示。

① 在"XT750-T"图层的第 95 帧处插入关键帧。

② 将"XT750-T"元件拖入舞台。

③ 分别在第 95 帧、第 180 帧、第 195 帧处为元件设置位置。

④ 为所设置的关键帧创建传统补间。

⑤ 为第 95 帧～第 180 帧，第 180 帧～第 195 帧补间设置缓动。

⑥ 在第 196 帧处插入空白关键帧。

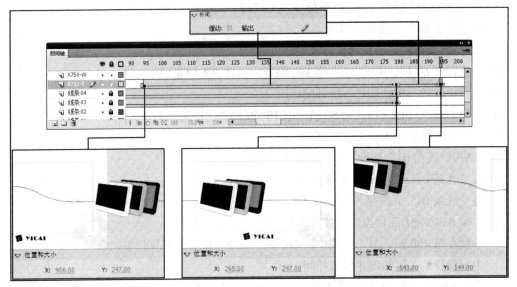

图 8-66　制作"XT750-T"动画

（2）制作"XT750-W"动画，效果如图 8-67 所示。

① 在"XT750-W"图层的第 130 帧处插入关键帧。

② 将"XT750-W"元件拖入舞台。

③ 分别在第 130 帧、第 180 帧、第 195 帧处为元件设置位置。

④ 为所设置的关键帧创建传统补间。

⑤ 为所创建的补间设置缓动。

⑥ 在第 196 帧处插入空白关键帧。

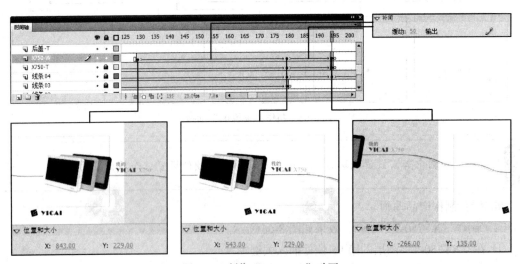

图 8-67　制作"XT750-W"动画

步骤 3：为其他线条及产品制作动画。

（1）制作"后盖-T"动画，如图 8-68 所示。

（2）制作"后盖-W"动画，如图 8-69 所示。

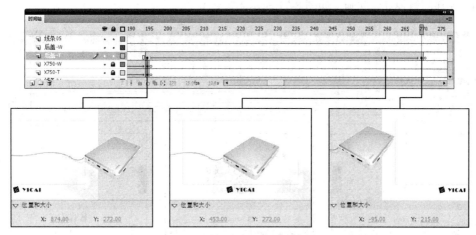

图 8-68　制作"后盖-T"动画

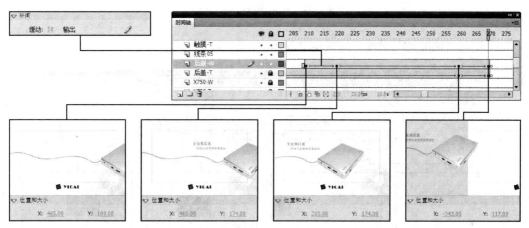

图 8-69　制作"后盖-W"动画

（3）制作"线条 05"动画，如图 8-70 所示。

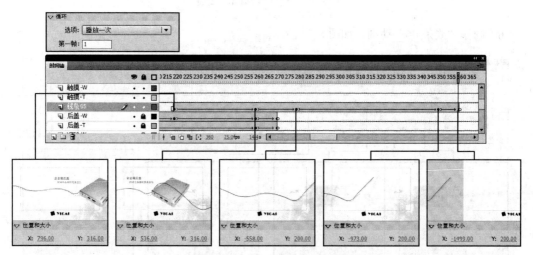

图 8-70　制作"线条 05"动画

（4）制作"触摸-T"动画，如图 8-71 所示。

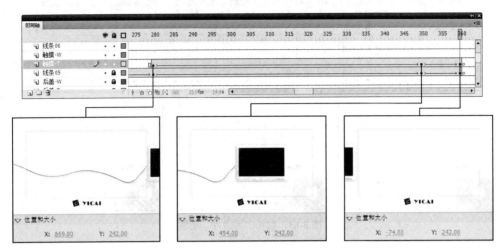

图 8-71　制作"触摸-T"动画

（5）制作"触摸-W"动画，如图 8-72 所示。

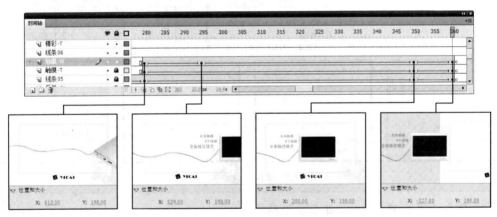

图 8-72　制作"触摸-W"动画

（6）制作"线条 06"动画，如图 8-73 所示。

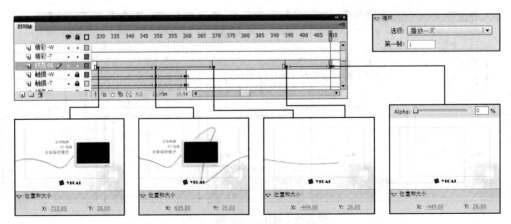

图 8-73　制作"线条 06"动画

（7）制作"精彩-T"动画，如图 8-74 所示。

（8）制作"精彩-W"动画，如图 8-75 所示。

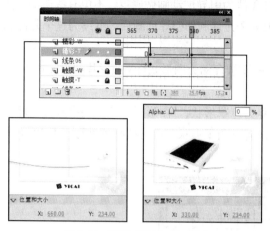

图 8-74　制作"精彩-T"动画

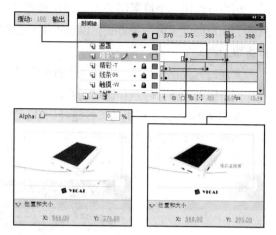

图 8-75　制作"精彩-W"动画

　　在制作动画时，必须使线条之间的连接顺畅，否则效果会很生硬。

步骤 4：制作遮罩。

（1）为动画制作遮罩用形状，效果如图 8-76 所示。

① 按一次 键启用【矩形】工具。

② 在【属性】面板【填充和笔触】卷展栏设置相关属性。

③ 在"遮罩"图层的第 1 帧处绘制矩形形状。

④ 在【属性】面板【位置和大小】卷展栏设置形状位置和大小。

（2）为动画制作遮罩，效果如图 8-77 所示。

① 在"遮罩"图层上单击鼠标右键，在弹出的快捷菜单中选择"遮罩层"。

② 将"精彩-W"到"线条 01"的所有图层设置为被遮罩层。

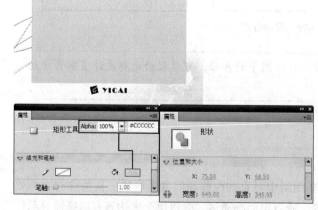

图 8-76　为动画制作遮罩用形状

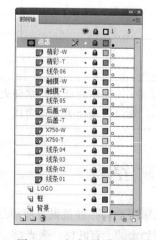

图 8-77　为动画制作遮罩

步骤 5：按 [Ctrl]+[S] 组合键保存影片文件，案例制作完成。

**【知识拓展】——遮罩动画与路径动画的结合技巧**

用户可以用一个遮罩层为 N 个图层做遮罩，却无法为引导层动画做遮罩，不免有些遗憾。但软件为用户提供了另一种方式，以使得用户能够为某个元件制作引导动画后，继续为这个元件制作遮罩动画。

实现的方式比较简单，用户将已制作完成的路径动画存储为图形元件（或影片剪辑元件），再对存储所得的图形元件制作遮罩动画即可。

在图 8-78 中，小球跟随弧线路径运动，五角星为遮罩形状，"图形元件"图层中放置小球的路径动画（此动画已制作成图形元件），遮罩层中放置五角星形状，最终动画效果为图 8-78 中最下面的 3 张图。

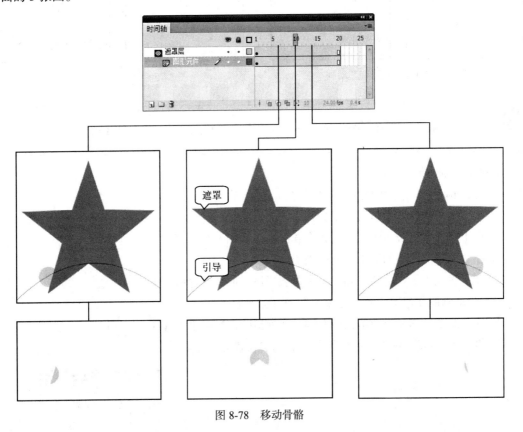

图 8-78　移动骨骼

 元件的功能非常强大，也是 Flash 应用中的基础，可以轻松地解决许多制作中的难题，请读者多作实践。

# 小　结

遮罩层动画是通过设置遮罩层及其关联图层中对象的位移和形变来产生一些特殊的动画效果，例如水波、百叶窗、聚光灯、放大镜等。遮罩层动画通过"遮罩层"来达到有选择地显示位于其下方的"被遮罩层"中的内容的目的。在一个遮罩层动画中，"遮罩层"只有一个，而"被遮罩层"可以有任意多个。遮罩层主要有两种用途，一是用在整个场景或一个特定区域，使场景外的对象或特定区域外的对象不可见；二是用来遮罩住某一元件的一部分，从而实现一些特殊的效果。

## 思考与练习

1. 遮罩层动画的原理是什么？
2. 制作遮罩层动画至少需要几个图层？
3. 思考遮罩层动画还能应用于哪些艺术表达方面？
4. 制作如图 8-79 所示动态文字效果（在素材文件中"素材\第 8 章\动态文字效果"文件夹中提供本题目所需素材）。

FLASH CS5

图 8-79　动态文字效果

5. 制作如图 8-80 所示动态图片效果（在素材文件中"素材\第 8 章\动态图片效果"文件夹中提供本题目所需素材）。

图 8-80　动态图片效果

# 第9章

# ActionScript 3.0 编程基础

ActionScript 一直以来都是 Flash 软件中的一个重要模块，特别是在 Flash CS5 中，对这一模块的功能进一步加强，其中包括重新定义了 ActionScript 的编程思想，增加了大量的内置类，程序的运行效率更高等。在本章中，将介绍 ActionScript 3.0 的基本语法和编程方法，并通过实例了解几个常用内置类的使用方法。

## 【教学目标】

- 了解 ActionScript 3.0 的基本语法。
- 掌握一些常见特效的制作方法。
- 掌握代码的书写位置及方法。
- 掌握类的使用及扩展方法。

## 9.1  ActionScript 3.0 编程基础

在使用 ActionScript 3.0 进行交互动画制作之前，首先来学习 ActionScript 3.0 的基础知识。

### 9.1.1  ActionScript 3.0 简介

ActionScript 3.0 是最新且最具创新性的 ActionScript 版本，它是针对 Adobe Flash Player 运行环境的编程语言，可以实现程序交互、数据处理以及其他许多功能。

ActionScript 3.0 相比于早期的 ActionScript 版本具有以下特点。

- 使用全新的字节码指令集，并使用全新的 AVM2 虚拟机执行程序代码，使性能显著提高，其代码的执行速度可以比旧式 ActionScript 代码快 10 倍。
- 具有更为先进的编译器代码库，严格遵循 ECMAScript（ECMA 262）标准，相对于早期的编译器版本，可执行更深入的优化。

- 使用面向对象的编程思想，可最大限度地重用已有代码，方便创建拥有大型数据集和高度复杂的应用程序。
- ActionScript 3.0 的代码只能写在关键帧上或由外部调入，而不能写在元件上。

## 9.1.2　ActionScript 3.0 的基本语法

语法定义了一组在编写可执行代码时必须遵循的规则，在 ActionScript 3.0 代码编写过程中，需要遵循的基本语法规则主要有以下几点。

### 1.　区分大小写

ActionScript 3.0 中大小写不同的标识符被视为不同。例如，下面的代码创建的是两个不同的变量。

```
var num1:int;
var Num1:int;
```

### 2.　点运算符

可以通过点运算符（.）来访问对象的属性和方法。例如有以下类的定义：

```
class ASExample
{
    public var name:String;
    public function method1():void { }
}
```

该类中有一个 name 属性和一个 method1()方法，借助点语法，并通过创建一个实例来访问相应的属性和方法：

```
var example1:ASExample = new ASExample();
example1.name = "Hello";
example1.method1();
```

### 3.　字面值

"字面值"是指直接出现在代码中的值。下面的示例都是字面值：

```
17
-9.8
"Hello"
null
undefined
true
```

### 4.　分号

可以使用分号字符（;）来终止语句。若省略分号字符，则编译器将假设每一行代码代表一条语句。使用分号来终止语句，则代码会更易于阅读。使用分号终止语句还可以在一行中放置多个语句，但是这样会使代码变得难以阅读。

### 5．注释

ActionScript 3.0 代码支持两种类型的注释：单行注释和多行注释，编译器将忽略注释中的文本。

单行注释以两个正斜杠字符（//）开头并持续到该行的末尾。例如，下面的代码包含两个单行注释：

```
//单行注释1
var num1:Number = 3; // 单行注释2
```

多行注释以一个正斜杠和一个星号（/*）开头，以一个星号和一个正斜杠（*/）结尾。例如：

```
/*这是一个可以跨
多行代码的多行注释。*/
```

## 9.2 ActionScript 3.0 常用代码

ActionScript 3.0 是一个强大编程语言，其为用户提供了大量的内部函数，能完成各种控制功能。但对于初级用户只需掌握一些简单的函数，来对影片进行简单的控制即可。

### 9.2.1　认识常用代码

#### 1．时间轴控制函数

新建一个 Flash（ActionScript 3.0）文档，选中图层 1 的第 1 帧，按 键打开【动作-帧】面板，如图 9-1 所示。

图 9-1　【动作-帧】面板

其中 3 个板块功能如下。

- 在【代码输入区】中可以直接输入代码。
- 在【代码输入快速切换区】中可以查看或快速切换到具有代码的帧。

- 在【快速插入代码区】中通过双击某函数可以在【代码输入区】中的光标显示位置插入该函数，此功能对于代码初学者十分适用。

时间轴控制函数的说明如表 9-1 所示。

表 9-1　　　　　　　　　　　　时间轴控制函数说明

| 函　　数 | 作　　用 |
|---|---|
| gotoAndPlay(n) | 将播放头转到场景中第 n 帧并从该帧开始播放（n 为要调整的帧数） |
| gotoAndStop(n) | 将播放头转到场景中第 n 帧并停止播放 |
| nextFrame() | 将播放头转到下一帧 |
| nextScene() | 将播放头转到下一场景的第 1 帧 |
| play() | 在时间轴中向前移动播放头 |
| prevFrame() | 将播放头转到上一帧 |
| prevScene() | 将播放头转到上一场景的第 1 帧 |
| stop() | 停止当前正在播放的 SWF 文件 |
| stopAllSounds() | 在不停止播放头的情况下停止 SWF 文件中当前正在播放的所有声音 |

### 2．添加事件

ActionScript 3.0 中事件通过 addEventListener()方法来添加，一般格式如下。

```
接收事件对象.addEventListener(事件类型.事件名称, 事件响应函数名称);
function 事件响应函数名称(e:事件类型)
{
    //此处是为响应事件而执行的动作。
}
```

若是对时间轴添加事件，则使用 this 代替接收事件对象或省略不写。

### 3．嵌入资源类的使用

ActionScript 3.0 使用称为嵌入资源类的特殊类来表示嵌入的资源。嵌入资源指编译时包括在 SWF 文件中的资源，如声音、图像或字体。

要使用嵌入资源，首先将该资源放入 FLA 文件的库中。接着，设置其链接属性，提供资源的嵌入资源类的名称。然后，可以创建嵌入资源类的实例，并使用任何由该类定义或继承的属性和方法。

例如，以下代码可用于播放链接到名为 PianoMusic 的嵌入资源类的嵌入声音：

```
var piano:PianoMusic = new PianoMusic();
var sndChannel:SoundChannel = piano.play();
```

## 9.2.2　ActionScript 3.0 基本训练——制作"鼠标跟随效果"

本案例将制作一个心形图案跟随鼠标移动的特效，通过简单的控制代码就可以制作出漂亮的特效，操作思路及最终效果如图 9-2 所示。

设置元件属性

输入控制代码

最终效果

图 9-2　操作思路及效果图

【操作步骤】

步骤 1：设置元件属性。

（1）运行 Flash CS5。

（2）打开制作模板，效果如图 9-3 所示。

按 [Ctrl]+[O] 组合键打开素材文件"素材\第 9 章\鼠标跟随效果\鼠标跟随效果-模板.fla"。场景中放置了一张漂亮的背景图片。

（3）设置"心形"元件属性，效果如图 9-4 所示。

① 在【库】面板中用鼠标右键单击"心形"元件，在弹出的快捷菜单中选择【属性】命令。

② 在弹出的【元件属性】对话框中，先展开【高级】卷展栏，在【链接】选项组中勾选 ☑ 为 ActionScript 导出(X) 复选框，如图 9-4 中 A 处所示。

③ 设置参数【类（C）】为"Heart"，如图 9-4 中 B 所示。

④ 单击 确定 按钮完成属性设置。

⑤ 在弹出的【ActionScript 类警告】对话框中单击 确定 按钮确定。

图 9-3　打开制作模板

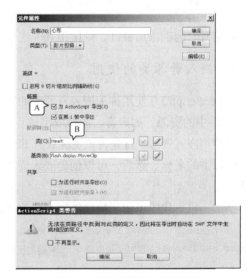

图 9-4　设置"心形"元件属性

步骤 2：输入控制代码。

（1）选中"代码"图层的第 1 帧，按 [F9] 键打开【动作-帧】面板，在此输入控制代码。

//添加场景事件

```
root.addEventListener(Event.ENTER_FRAME,showHeart);
function showHeart(e:Event) {
//生成"心形"元件实例
var h:Heart = new Heart();
//设置实例位置坐标
h.x=root.mouseX;
h.y=root.mouseY;
//将实例加入场景
root.addChild(h);
}
```

（2）输入"心形"元件内部代码。

① 在【库】面板中双击"心形"元件进入元件编辑状态。

② 选中"Action Layer"图层的第 25 帧。

③ 按 F9 键打开【动作-帧】面板，在此输入控制代码。

```
stop();
root.removeChild(this);
```

（在素材文件"素材\第 9 章\鼠标跟随效果\控制代码.txt"中提供本案例所需全部代码。）

步骤 3：按 Ctrl + S 组合键保存影片文件，案例制作完成。

## 9.3　ActionScript 3.0 编程提高

本节将利用到几个常用内置类，在设计开发 Flash 作品的同时，介绍类、属性、方法等的使用方法和编程技巧。

### 9.3.1　认识高级代码

#### 1．获取时间

ActionScript 3.0 对时间的处理主要通过 Date 类来实现，通过以下代码初始化一个无参数的 Date 类的实例，便可得当前系统时间。

```
var now:Date = new Date();
```

通过点运算符调用对象 now 中包含的 getHours()、getMinutes()、getSeconds()方法便可得到当前时间的小时、分钟和秒的数值。

```
var hour:Number=now.getHours();
var minute:Number=now.getMinutes();
var second:Number=now.getSeconds();
```

#### 2．指针旋转角度的换算

（1）对于时钟中的秒针，旋转一周是 60s 即 360°，每转过一个刻度是 6°。用当前秒数乘上 6 便得到秒针旋转角度。

```
var rad_s = second * 6;
```

（2）对于分针，其转过一个刻度也是 6°，但为了避免每隔 1min 才跳动一下，所以设计成每隔 10s 转过 1°。

```
var rad_m = minute * 6 + int(second / 10);
```

其中 int(second / 10)表示用秒数除以 10 后取其整数，结果便是每 10s 增加 1。

（3）对于时针，旋转一周是 12h 360°，但通过 getHours()得到的小时数值为 0～23，所以先使用 "hour%12" 将其变化范围调整为 0～11（其中 "%" 表示前数除以后数取余数）。

时针每小时要旋转 30°，同样为了避免每隔 1h 才跳动一下，设计成每 2min 旋转 1°。

```
var rad_h = hour % 12 * 30 + int(minute / 2);
```

### 3. 元件动画设置

根据计算所得数值，通过点运算符访问并设置实例的 rotation 属性便可以形成旋转动画。

```
实例名.rotation = 计算所得数值;
```

### 4. 算法分析

设一个变量 index，要让 index 在 0～n-1 从小到大循环变化，则可使用如下算法。

```
index++;          // "++" 表示 index = index+1，即变量自加 1
index = index % n;  // "%" 表示取余数
若要让 index 在 0~n-1 之间从大到小循环变化，则使用如下算法：
index += n-1;        // "+=" 是 index = index + (n-1)的缩写形式
index = index % n;
```

## 9.3.2  ActionScript 3.0 基本训练——制作"时尚时钟"

本案例将制作一个日常生活中常见的物品——时钟，它不但具有漂亮的外观，而且可以精确指示出当前的系统时间。其控制代码较少，且简单易懂，是作为 ActionScript 3.0 入门学习的最佳选择，操作思路及最终效果如图 9-5 所示。

打开制作模板

新建并重命名图层

放置指针

放置转轴

输入控制代码

最终效果

图 9-5  操作思路及效果图

【操作步骤】

步骤 1：新建并重命名图层。

（1）运行 Flash CS5。

（2）打开制作模板，效果如图 9-6 所示。

按 [Ctrl]+[O] 组合键打开素材文件"素材\第 9 章\时尚时钟\时尚时钟-模板.fla"。场景中已经制作好时钟钟面了。

（3）新建并重命名图层，效果如图 9-7 所示。

① 连续单击 按钮新建 7 个图层。

② 从上到下依次重命名图层。

图 9-6　打开制作模板

图 9-7　新建并重命名图形

步骤 2：放置指针对象。

（1）放置"时针阴影"元件，效果如图 9-8 所示。

① 选中图层"时针阴影"，如图 9-8 中 A 处所示。

② 在【库】面板中将元件"时针阴影"拖入舞台。

（2）设置"时针阴影"元件属性，效果如图 9-9 所示。

① 在【属性】面板中设置"时针阴影"元件的实例名称为"hour_shadow"，如图 9-9 中 A 处所示。

② 设置其位置坐标 $x$、$y$ 都为"255"如图 9-9 中 B 处所示。

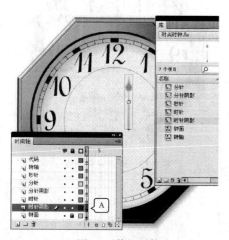

图 9-8　拖入元件

图 9-9　设置元件属性

（3）放置"时针"元件，效果如图 9-10 所示。

① 选中图层"时针"，如图 9-10 中 A 处所示。

② 在【库】面板中将元件"时针"拖入舞台。

（4）设置"时针"元件属性，效果如图 9-11 所示。

① 在【属性】面板中设置"时针"元件的实例名称为"hand_hour"，如图 9-11 中 A 处所示。

② 设置其位置坐标 $x$、$y$ 都为"250"，如图 9-11 中 B 处所示。

图 9-10　拖入元件

图 9-11　设置元件属性

（5）放置"分针阴影"元件，效果如图 9-12 所示。

① 选中图层"分针阴影"，如图 9-12 中 A 处所示。

② 在【库】面板中将元件"分针阴影"拖入舞台。

（6）设置"分针阴影"元件属性，效果如图 9-13 所示。

① 在【属性】面板中设置"分针阴影"元件的实例名称为"minute_shadow"，如图 9-13 中 A 处所示。

② 设置其位置坐标 $x$、$y$ 都为"255"，如图 9-13 中 B 处所示。

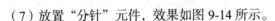

图 9-12　拖入元件

图 9-13　设置元件属性

（7）放置"分针"元件，效果如图 9-14 所示。

① 选中图层"分针"，如图 9-14 中 A 处所示。

② 在【库】面板中将元件"分针"拖入舞台。

（8）设置"分针"元件属性，效果如图 9-15 所示。

① 在【属性】面板中设置"分针"元件的实例名称为"hand_minute"，如图 9-15 中 A 处所示。

② 设置其位置坐标 $x$、$y$ 都为"250"，如图 9-15 中 B 处所示。

图 9-14　拖入元件

图 9-15　设置元件属性

（9）放置"秒针"元件，效果如图 9-16 所示。

① 选中图层"秒针"，如图 9-16 中 A 处所示。

② 在【库】面板中将元件"秒针"拖入舞台。

（10）设置"秒针"元件属性，效果如图 9-17 所示。

① 在【属性】面板中设置"秒针"元件的实例名称为"hand_second"，如图 9-17 中 A 处所示。

② 设置其位置坐标 $x$、$y$ 都为"250"，如图 9-17 中 B 处所示。

图 9-16　拖入元件

图 9-17　设置元件属性

（11）放置"转轴"元件，效果如图 9-18 所示。

① 选中图层"转轴"，如图 9-18 中 A 处所示。

② 在【库】面板中将元件"转轴"拖入舞台。

（12）在【属性】面板中设置"转轴"元件的位置坐标 $x$、$y$ 都为"250"，效果如图 9-19 所示。

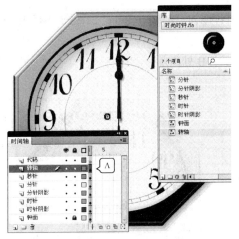

图 9-18　拖入元件

图 9-19　设置元件属性

步骤 3：输入控制代码。

（1）选择图层"代码"第 1 帧，按 [F9] 键打开【动作-帧】面板，在此输入控制代码。

（2）初始化变量并得到当前时间。

```
//初始化时间对象，用于存储当前时间
var now:Date = new Date();
//获取当前时间的小时数值
var hour:Number=now.getHours();
//获取当前时间的分钟数值
var minute:Number=now.getMinutes();
//获取当前时间的秒数值
var second:Number=now.getSeconds();
```

（3）计算各指针的旋转角度。

```
//计算时针旋转角度
var rad_h = hour % 12 * 30 + int(minute / 2);
//计算分针旋转角度
var rad_m = minute * 6 + int(second / 10);
//计算秒针旋转角度
var rad_s = second * 6;
```

（4）设置各指针的旋转属性值。

```
//设置时针旋转属性值
hand_hour.rotation = rad_h;
//设置时针阴影旋转属性值
hour_shadow.rotation = rad_h;
//设置分针旋转属性值
hand_minute.rotation = rad_m;
//设置分针阴影旋转属性值
minute_shadow.rotation = rad_m;
//设置秒针旋转属性值
hand_second.rotation = rad_s;
```

（在素材文件"素材\第 9 章\时尚时钟\控制代码.txt"中提供本案例所需全部代码。）

步骤 4：最后在所有图层的第 2 帧插入帧，如图 9-20 所示。

图 9-20　插入帧

步骤 5：按 [Ctrl] + [S] 组合键保存影片文件，案例制作完成。

### 9.3.3　ActionScript 3.0 提高应用——制作"旋转三维地球"

本案例将制作一个位于梦幻太空中的旋转三维地球效果，制作过程中将使用到自定义类以及使用代码加载位图，操作思路及最终效果如图 9-21 所示。

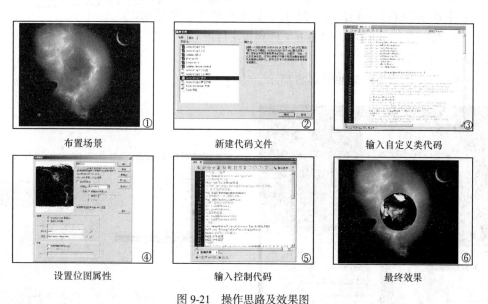

图 9-21　操作思路及效果图

【操作步骤】

步骤 1：导入素材。

（1）运行 Flash CS5。

（2）新建一个 Flash 文档。

（3）设置【文档属性】如图 9-22 所示。

（4）导入素材，效果如图 9-23 所示。

① 执行【文件】/【导入】/【导入到库】命令。

② 导入素材文件夹"素材\第 9 章\旋转三维地球"中的两张图片。

图 9-22　设置【文档属性】

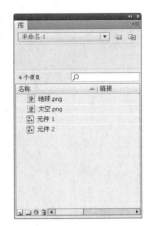

图 9-23　导入素材

步骤 2：布置场景。

（1）放置太空背景，效果如图 9-24 所示。

① 将"图层 1"重命名为"背景"。

② 在【库】面板中将位图"太空.png"拖入舞台。

③ 在【属性】面板中设置其位置坐标，如图 9-24 中 A 处所示。

（2）按 Ctrl + S 组合键将保存 Flash 文件到指定目录。

步骤 3：自定义类。

（1）新建代码文件，效果如图 9-25 所示。

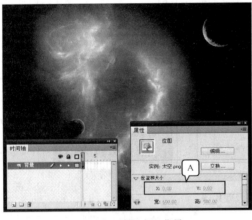

图 9-24　放置太空背景

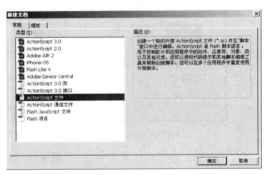

图 9-25　新建代码文件

① 执行【文件】/【新建】命令打开【新建文档】对话框。

② 在【类型】列表中选中"ActionScript 文件"。

③ 单击 确定 按钮新建一个代码文件。

（2）将素材文件"素材\第 9 章\旋转三维地球\自定义类.txt"中的代码复制到新建的代码文件中，如图 9-26 所示。

（3）以"BitmapSphereBasic.as"为文件名保存代码文件到 Flash 文件存储目录，如图 9-27 所示。

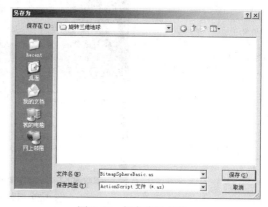

```
package {
    import flash.display.*;
    import flash.geom.*;
    public class BitmapSphereBasic extends Sprite {
        private var bdPic:BitmapData;
        private var vertsVec:Array;
        private var picWidth:Number;
        private var picHeight:Number;
        private var spSphere:Sprite;
        private var spSphereImage:Sprite;
        private var rad:Number;
        private var nMesh:Number;
        private var tilesNum:Number;

        public function BitmapSphereBasic(b:BitmapData) {
            //bdPic holds all the pixels information about the image
            //that will be pasted over a sphere.
            bdPic=b;
            //The width of the main image is set to the width of the BitmapData
            //object passed in the constructor. Its height is set to the half
            //of the width. If the image passed to the constructor is taller,
            //the bottom will be cropped. If you change picHeight to bdPic.height,
            //the image will be distorted rather than cropped.
            picWidth=bdPic.width;
            picHeight=picWidth/2;
            //The width of the picture has to be equal to the circumference
            //of the sphere. Thus, the radius, rad, is set accordingly.
            //Choosing a different radius will distort the image.
            rad = Math.floor(picWidth / (Math.PI * 2));
            spSphere = new Sprite();
            //After we embed a 3D property like rotationX on spSphere,
            //it becomes a 3D object from the AS3 point of view and it gains
            //access to all the AS3 3D methods.
```

图 9-26　复制代码

图 9-27　保存代码文件

**步骤 4：输入控制代码。**

（1）设置"地球"位图属性，效果如图 9-28 所示。

① 关闭代码文件窗口。

② 在【库】面板中用鼠标右键单击位图"地球.png"，在弹出的快捷菜单中单击【属性】命令。

③ 在【链接】选项组中勾选 ☑ 为 ActionScript 导出(X) 复选框，如图 9-28 中 A 处所示。

④ 设置参数【类（C）】为"Earth"，如图 9-28 中 B 处所示。

⑤ 单击 确定 按钮完成属性设置。

⑥ 在弹出的【ActionScript 类警告】对话框中单击 确定 按钮。

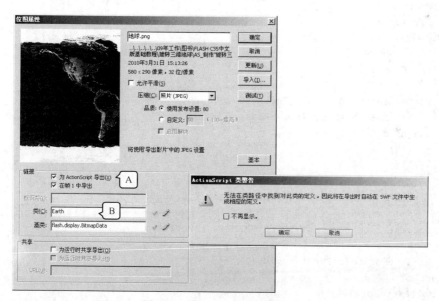

图 9-28　设置"地球"位图属性

（2）新建一个图层并重命名为"控制代码"，如图 9-29 所示。

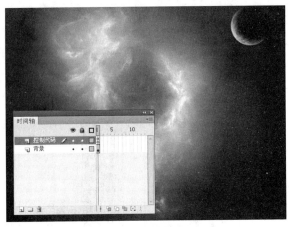

图 9-29　设置"地球"位图属性

（3）选择图层"控制代码"第 1 帧，按 F9 键打开【动作-帧】面板，在此输入控制代码。

（4）初始化变量并得到当前时间。

```
//创建一个精灵
var board:Sprite = new Sprite();
//添加到显示列表
this.addChild(board);
//生成 datatype BitmapSphereBasic 的一个函数。
// 设定函数初始值。
var ball:BitmapSphereBasic;
//旋转的一个布尔值的函数。
var autoOn:Boolean=true;
//两个函数为鼠标旋转。
var prevX:Number;
var prevY:Number;
//星球的位置.
var ballX:Number=300;
var ballY:Number=250;
//贴图
var imageData:BitmapData=new Earth(800,548);
ball=new BitmapSphereBasic(imageData);
board.addChild(ball);
ball.x=ballX;
ball.y=ballY;
//滤镜
ball.filters=[new GlowFilter(0xB4B5FE,0.6,32.0,32.0,1)];

this.addEventListener(Event.ENTER_FRAME,autoRotate);

function autoRotate(e:Event):void {
if (autoOn) {
    ball.autoSpin(-1);
    }
}

//3 个侦听为旋转和鼠标。
```

```
board.addEventListener(MouseEvent.ROLL_OUT,boardOut);
board.addEventListener(MouseEvent.MOUSE_MOVE,boardMove);
board.addEventListener(MouseEvent.MOUSE_DOWN,boardDown);
board.addEventListener(MouseEvent.MOUSE_UP,boardUp);

function boardOut(e:MouseEvent):void {
autoOn=true;

}
function boardDown(e:MouseEvent):void {
prevX=board.mouseX;
prevY=board.mouseY;
autoOn=false;

}
function boardUp(e:MouseEvent):void {
autoOn=true;

}
function boardMove(e:MouseEvent):void {
var locX:Number=prevX;
var locY:Number=prevY;
//取反
if (! autoOn) {
    prevX=board.mouseX;
    prevY=board.mouseY;
    ball.rotateSphere(prevY - locY,-(prevX - locX),0);
    e.updateAfterEvent();

    }
}
```

（在素材文件"素材\第 9 章\旋转三维地球\控制代码.txt"中提供本案例所需全部代码。）

步骤 5：按 Ctrl + S 组合键保存影片文件，案例制作完成。

## 9.4　综合应用——制作"颜色填充游戏"

本案例将制作一个有趣的填充游戏，其中将讲解如何使用代码控制元件随鼠标移动以及改变元件颜色，操作思路及效果如图 9-30 所示。

打开制作模板

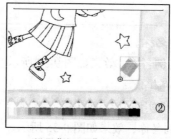

设置"绘画笔"实例名称

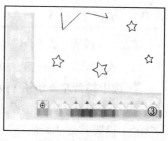

设置"调色笔"实例名称

图 9-30　操作思路及效果图

设置"填充图形"实例名称

输入控制代码

游戏运行效果

图 9-30　操作思路及效果图（续）

**【操作步骤】**

步骤 1：设置"绘画笔"实例名称。

（1）运行 Flash CS5。

（2）打开制作模板，效果如图 9-31 所示。

按 Ctrl + O 组合键打开素材文件"素材\第 9 章\填色游戏\填色游戏-模板.fla"。场景中已经放置好游戏所需的所有元素。

（3）设置元件实例名称，效果如图 9-32 所示。

① 选中舞台中的"绘画笔"元件。

② 在【属性】面板中设置元件实例名称为"paint_pencil"。

图 9-31　打开制作模板

图 9-32　设置元件实例名称

提示

舞台中的"绘画笔"元件有 24 帧，其中每 1 帧中绘画笔的颜色都不相同，分别对应 24 支调色笔的颜色，从而方便地让"绘画笔"显示填充图形使用的颜色，如图 9-33 所示。

步骤 2：设置"调色笔"实例名称。

（1）设置第 1"调色笔"的实例名称，效果如图 9-34 所示。

① 选中舞台左下角第 1 支调色笔。

② 在【属性】面板中设置元件实例为"pencil1"。

（2）设置其余"调色笔"实例名称，效果如图 9-35 所示。

① 依次选中其余调色笔。

② 依次设置其实例名称为"pencil2"到"pencil24"。

图 9-33　"绘画笔"元件时间轴

图 9-34　设置第 1 支笔的实例名称

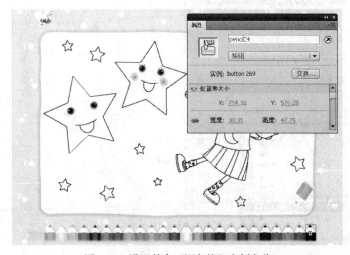

图 9-35　设置其余"调色笔"实例名称

步骤 3：设置"填充图形"实例名称。

（1）设置图层"填充 1"上元件实例名称，效果如图 9-36 所示。

① 锁定全部图层。

② 取消锁定图层"填充 1"。

③ 选中图层"填充 1"上的元件。

④ 在【属性】面板中设置其实例名称为"mc1"。

图 9-36　设置图层"填充 1"上元件实例名称

（2）设置图层"填充 2"上元件实例名称，效果如图 9-37 所示。

① 锁定图层"填充 1"。

② 取消锁定图层"填充 2"。

③ 选中图层"填充 2"上的元件。

④ 在【属性】面板中设置其实例名称为"mc2"。

图 9-37　打开制作模板

（3）配合图层锁定，依次设置其余填充图形的实例名称为"mc3"到"mc27"，如图 9-38 所示。

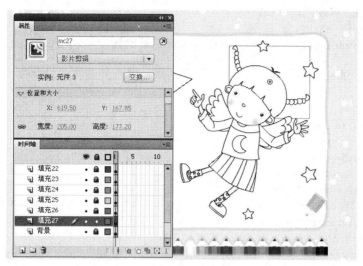

图 9-38　设置其余填充图形的实例名称

步骤 4：输入控制代码。

选择图层"代码"第 1 帧，按■键打开【动作-帧】面板，在此输入控制代码。

```
stop();
//隐藏鼠标
Mouse.hide();
//定义并初始化颜色序号
var colorNum:uint=1;
//定义颜色变量
var yanse:ColorTransform = new ColorTransform();
//设置颜色值
yanse.color=0xFF9999;

//为场景添加事件，使"绘画笔"跟随鼠标移动
root.addEventListener(Event.ENTER_FRAME,genshui);
function genshui(e:Event) {
paint_pencil.x=root.mouseX+5;
paint_pencil.y=root.mouseY;
}

//为 24 支"调色笔"添加点击事件
for (var i:uint =1; i<25; i++) {
root["pencil"+i].addEventListener(MouseEvent.MOUSE_DOWN,changeColor);
}
//根据所点击的"调色笔"更改颜色序号和"绘画笔"颜色
function changeColor(e:Event) {
for (var i:uint =1; i<25; i++) {
    if (root["pencil"+i]==e.currentTarget) {
        colorNum=i;
        paint_pencil.gotoAndStop(i);
    }
```

```
}
}

//为 27 个"填充"图形添加点击事件
for (var j:uint =1; j<28; j++) {
root["mc"+j].addEventListener(MouseEvent.MOUSE_DOWN,setColor);
}
//设置所单击的"填充"图形的颜色
function setColor(e:Event) {
if (colorNum==1) {
    yanse.color=0xFF9999;
} else if (colorNum == 2) {
    yanse.color=0xFFE9D2;
} else if (colorNum == 3) {
    yanse.color=0xFFCC00;
} else if (colorNum == 4) {
    yanse.color=0xFF8600;
} else if (colorNum == 5) {
    yanse.color=0xFF0000;
} else if (colorNum == 6) {
    yanse.color=0xFF75AC;
} else if (colorNum == 7) {
    yanse.color=0x848400;
} else if (colorNum == 8) {
    yanse.color=0xCCCC00;
} else if (colorNum == 9) {
    yanse.color=0x66CC00;
} else if (colorNum == 10) {
    yanse.color=0x66CC99;
} else if (colorNum == 11) {
    yanse.color=0x33CCCC;
} else if (colorNum == 12) {
    yanse.color=0x009999;
} else if (colorNum == 13) {
    yanse.color=0x95EDFD;
} else if (colorNum == 14) {
    yanse.color=0x26D3FF;
} else if (colorNum == 15) {
    yanse.color=0x0099FF;
} else if (colorNum == 16) {
    yanse.color=0x0066CC;
} else if (colorNum == 17) {
    yanse.color=0x9999FF;
} else if (colorNum == 18) {
    yanse.color=0x993399;
} else if (colorNum == 19) {
    yanse.color=0xCC66CC;
} else if (colorNum == 20) {
    yanse.color=0xCC0033;
} else if (colorNum == 21) {
    yanse.color=0xCC6600;
} else if (colorNum == 22) {
```

```
    yanse.color=0xCC9900;
} else if (colorNum == 23) {
    yanse.color=0x996633;
} else if (colorNum == 24) {
    yanse.color=0x000000;
}
(DisplayObject)(e.currentTarget).transform.colorTransform=yanse;
}
```

（在素材文件"素材\第 9 章\填色游戏\控制代码.txt"中提供本案例所需全部代码。）

步骤 5：按 Ctrl + 9 组合键保存影片文件，案例制作完成。

**【知识扩展】——使用【代码片断】面板**

【代码片断】面板旨在使非编程人员能快速地轻松开始使用简单的 ActionScript 3.0。借助该面板，用户可以将 ActionScript 3.0 代码添加到 FLA 文件以启用常用功能，并且不需要 ActionScript 3.0 的知识。

### 1. 将代码片断添加到对象

下面以制作一个长方形不断旋转的动画为例，讲解【代码片断】面板的使用方法。

**【操作步骤】**

（1）新建一个 Flash 文档。

（2）按 R 键启动【矩形】工具，在舞台中绘制一个长方形。

（3）按 V 键启用【选择】工具，选中绘制的长方形，如图 9-39 中 A 处所示。

（4）在菜单栏中执行【窗口】/【代码片断】命令，打开【代码片断】面板。

（5）在列表中展开【动画】节点，双击【不断旋转】选项，在弹出的【Adobe Flash CS5】对话框中单击 确定 按钮应用控制代码，如图 9-39 中 B 处所示。

（6）操作效果如图 9-39 所示。

图 9-39 为对象应用控制代码

如果选择的对象不是元件实例或文本对象，则当应用该代码片段时，Flash 会将该对象转换为影片剪辑元件。

如果选择的对象还没有实例名称，在应用代码片断时 Flash 将为其添加一个实例名称。

2．将代码片断添加到时间轴

使用【代码片断】面板可以方便地控制时间轴的播放，下面讲解其使用方法。

**【操作步骤】**

（1）接上例，在【时间轴】面板中所有图层的第 10 帧插入帧。

（2）选中图层"Actions"第 10 帧，如图 9-40 中 A 处所示。

（3）在【代码片断】面板中展开【时间轴导航】节点，双击【在此帧处停止】选项，如图 9-40 中 B 处所示。

（4）操作效果如图 9-40 所示。

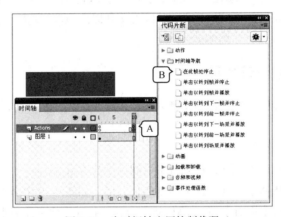

图 9-40　为时间轴应用控制代码

# 小　结

通过本章内容的学习，读者可以了解并掌握 ActionScript 3.0 的编程思路和代码编写的方法，为开发复杂的 Flash 应用程序奠定了基础。

在实例制作过程中，不但可以学会在 Flash 作品中常见特殊效果的制作方法，而且可以掌握以下常用的编程技巧和方法。

- 时间的获取及表示方法。
- 声音初始化、播放、停止、音量的控制等方法。
- 数的循环、时间的换算、随机分布一些数组元素等技巧。
- 事件的添加和使用方法。
- 类的外部扩展及使用方法。

ActionScript 的功能远比本章所介绍的要强大，若想进一步研究使用 ActionScript 3.0 开发较大的应用程序或游戏，则需要参看 ActionScript 的帮助文档或相关资料，并在实践中掌握各种内置类的使用方法。

# 思考与练习

1. 对时间轴的播放控制函数有哪些？
2. 获取舞台上的影片剪辑元件旋转度的属性值是什么？
3. 使用"鼠标跟随效果"中的原理制作一个相似的鼠标跟随效果，如图 9-41 所示（在素材文件中"素材\第 9 章\鼠标跟随效果"文件夹中提供本题目所需素材）。

图 9-41　鼠标跟随效果

4. 使用 ActionScript 3.0 中的时间轴控制代码制作一个 Flash 课件，如图 9-42 所示（在素材文件中"素材\第 9 章\Flash 课件"文件夹中提供本题目所需素材）。

图 9-42　Flash 课件

# 第10章

## 组件及其应用

组件是 Flash 中的重要部分，为 Flash 应用程序开发提供了简便的设计工具。使用组件可以帮助开发者将应用程序的设计过程和编码过程分开。即使完全不了解 ActionScript 3.0 的设计者也可以根据组件提供的接口来改变组件的参数，从而改变组件的相关特性，达到设计的目的。通过播放器组件的应用，可以快速地进行播放控制程序开发。

### 【教学目标】
- 掌握用户接口组件的使用方法。
- 掌握视频控制组件的使用方法。
- 掌握两种组件的配合使用方法。
- 了解使用组件开发的整体思路。

## 10.1 用户接口组件

了解应用程序开发的用户对用户接口组件一定不会陌生，众多的应用程序开发工具都会提供此类组件。虽然 Flash 开发的应用程序不能调用各种系统库函数使用范围受限，但是使用组件开发的程序，可以在网页上满足用户的各种要求，比如开发网页上的测试系统、Falsh 播放器、购物系统等。

### 10.1.1 认识用户接口组件

用户接口组件的应用广泛、操作简单、被使用频率高，在本节将对用户接口组件的基本知识进行讲解。

#### 1. 认识用户接口组件

执行【窗口】/【组件】命令，打开【组件】面板，如图 10-1 所示。面板分为 3 部分：Flex 组件、用户接口（User Interface）组件和视频（Video）组件部分。

其中用户接口组件应用最为广泛，包括常用的按钮、复选框、单选框、列表等，利用用户接口组件可以快速地开发组件应用程序。

### 2. 创建用户接口组件——制作"图片显示器"

本案例将使用 Flash 组件来制作一个"图片显示器"，通过输入有效的图片地址，然后单击"显示"按钮来加载并显示该图片，其操作思路及效果图如图 10-2 所示。

Flex 组件

用户接口组件

视频组件

图 10-1　组件窗口

放入组件并设置实例名称

输入控制代码

最终测试效果

图 10-2　操作思路及效果图

【操作步骤】

步骤 1：新建文档。

（1）运行 Flash CS5。

（2）新建一个 Flash 文档。

（3）设置【文档属性】如图 10-3 所示。

步骤 2：放置组件。

（1）放入 UILoader 组件，效果如图 10-4 所示。

① 按 Ctrl + F7 组合键打开【组件】面板。

② 从【User Interface】卷展栏中将【UILoader】组件拖入舞台。

③ 在【属性】面板设置其位置、大小和实例名称。

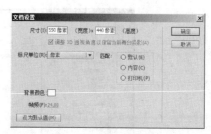
图 10-3　设置文档属性

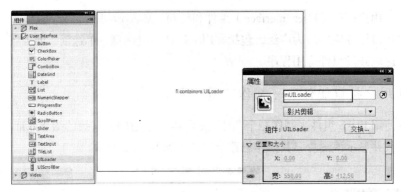

图 10-4　放入 UILoader 组件

（2）放入 TextInput 组件，效果如图 10-5 所示。

① 从【User Interface】卷展栏中将【TextInput】组件拖入舞台。

② 在【属性】面板设置其位置、大小和实例名称。

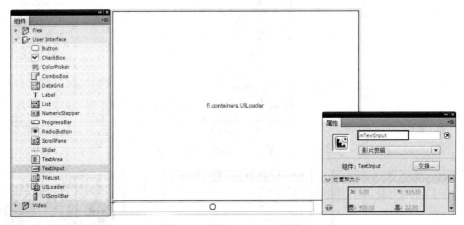

图 10-5　放入 TextInput 组件

（3）放入 Button 组件，效果如图 10-6 所示。

① 从【User Interface】卷展栏中将【Button】组件拖入舞台。

② 在【属性】面板中设置其位置、大小和实例名称。

③ 在【组件参数】卷展栏中设置【label】为"显示"。

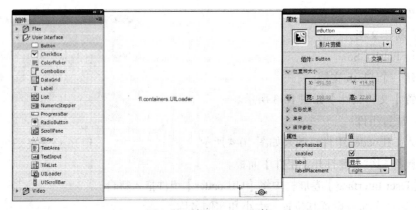

图 10-6　放入 Button 组件

步骤 3：输入控制代码。

（1）输入控制代码。

① 选中"图层 1"的第 1 帧。

② 按　键打开【动作-帧】面板。

③ 输入以下代码：

```
//为按钮添加单击事件
mButton.addEventListener(MouseEvent.CLICK, fl_MouseClickHandler);
//创建单击事件响应函数
function fl_MouseClickHandler(event:MouseEvent):void
{
//舞台上 UILoader 组件的显示路径为 TextInput 组件的内容。
mUILoader.source = mTextInput.text;
}
```

使用代码操作舞台上的组件，是通过代码访问组件的属性参数来实现的。以本案例涉及 UILoader 和 TextInput 组件为例：

选中舞台上的 UILoader 组件在【属性】面板的【组件参数】卷展栏中即可查看 UILoader 所有的参数，如图 10-7 所示，TextInput 组件的【参数】如图 10-8 所示。

使用代码访问 UILoader 的【source】参数时，直接使用在舞台上的 UILoader 组件的【实例名称】（mUILoader）和运算符（.）来访问如：mUILoader.source。

当访问舞台上的 TextInput 组件的【Text】参数时，使用代码：mTextInput.text 即可。

图 10-7　UILoader 组件参数

图 10-8　TextInput 组件参数

（2）测试影片，效果如图 10-9 所示。

① 按　Ctrl　+　Enter　组合键测试影片。

② 在 TextInput 组件中输入图片的地址（网络图片地址或本地电脑上的图片地址都可以）。

③ 单击【显示】按钮 UILoader 组件即可加载并显示该图片。

图 10-9　测试影片

步骤 4：按 `Ctrl` + `s` 组合键保存影片文件，案例制作完成。

## 10.1.2　组件应用基本训练——制作"美女调查表"

本例将使用各种用户接口组件来制作一个美女调查表，操作思路及效果图如图 10-10 所示。

导入背景图片

制作第 1 帧处的舞台元素

制作第 2 帧处的舞台元素

设置第 1 帧处组件的属性

效果 1

效果 2

图 10-10　操作思路及效果图

【操作步骤】

步骤 1：导入背景图片。

（1）运行 Flash CS5。

（2）新建一个 Flash 文档。

（3）设置【文档属性】如图 10-11 所示。

（4）新建图层，效果如图 10-12 所示。

① 连续单击 按钮新建图层。

② 重命名各个图层。

图 10-11　设置文档参数

图 10-12　新建图层

（5）锁定图层，效果如图 10-13 所示。

① 锁定除"背景"以外的图层。

② 选中"背景"图层的第 1 帧。

（6）导入背景图片，效果如图 10-14 所示。

① 执行【文件】/【导入】/【导入到舞台】命令，打开【导入】对话框。

② 双击将素材文件"素材\第 10 章\美女调查表\背景.jpg"导入舞台。

图 10-13　锁定图层

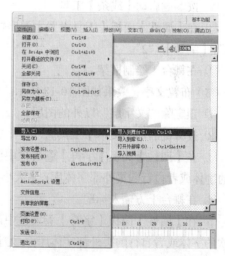

图 10-14　导入背景图片

（7）设置图片的位置，效果如图 10-15 所示。

① 选中舞台上的"背景.jpg"图片。

② 在【属性】面板【位置和大小】卷展栏设置 $x$、$y$ 均为"0"。

步骤 2：制作第 1 帧处的舞台元素。

（1）绘制矩形，效果如图 10-16 所示。

① 锁定除"色彩布"以外的图层。

② 按 R 键启用【矩形】工具。

③ 在舞台上绘制一个的矩形。

④ 在【属性】面板【位置和大小】卷展栏设置【X】为 "0"，【Y】为 "0"，【宽度】为 "400"，【高度】为 "400"。

⑤ 在【填充与笔触】卷展栏中设置【笔触颜色】为 "无"，【填充颜色】为 "#999999"，【Alpha】为 "60%"。

图 10-15　设置图片的位置

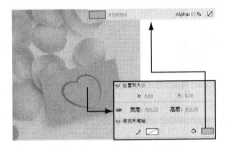

图 10-16　绘制矩形

这里绘制矩形主要是为了改变图片颜色的整体效果，采用此方法可以对一些背景图片及各种元件的颜色进行控制，从而达到动画所需的颜色效果。

（2）绘制边框，效果如图 10-17 所示。

① 锁定除 "边框" 以外的图层。

② 按 N 键启动【线条】工具。

③ 在【属性】面板【工具设置】卷展栏中设置【笔触颜色】为 "#FF6599"，【填充颜色】为 "无"，【笔触】："2"。

④ 在舞台上绘制框架。

（3）布置文字，效果如图 10-18 所示。

① 锁定除 "文字层" 以外的图层。

② 按 T 键启动【文本】工具。

③ 在【属性】面板【字符】卷展栏中设置【系列】为 "汉真广标"（读者可以设置为自己喜欢的字体或者自行购买外部字体库），【大小】："40"，【颜色】："#FF0098"。

④ 在舞台上方输入标题。

⑤ 在【属性】面板【字符】卷展栏中设置【系列】："汉仪秀英体简"（读者可以设置为自己喜欢的字体或者自行购买外部字体库），文字大小根据边框大小进行自定义，【颜色】："纯白色"。

⑥ 在舞台上输入文字。

（4）添加美女图片，效果如图 10-19 所示。

① 锁定除 "美女图片" 以外的图层。

② 执行【文件】/【导入】/【导入到舞台】命令，打开【导入】对话框。

③ 双击导入素材文件 "素材\第 10 章\美女调查表\美女.jpg" 文件到舞台。

④ 选中舞台上的图片。

⑤ 设置图片的位置和大小。

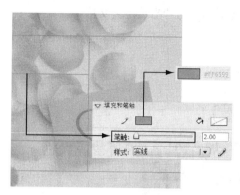

图 10-17 绘制边框

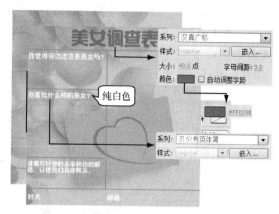

图 10-18 布置文字

（5）布置组件，效果如图 10-20 所示。

① 锁定除"组件层"以外的图层。

② 按 Ctrl + F7 组合键打开【组件】面板。

③ 在【组件】面板上将 "Button"、"CheckBox"、"ComboBox"、"TextInput" 拖入舞台。

④ 设置舞台上各个组件的位置。

图 10-19 添加美女图片

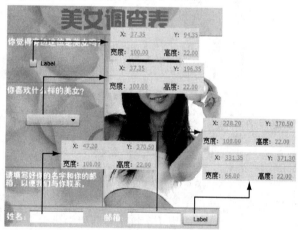

图 10-20 布置组件

提示

在布置组件时，使用任意变形工具对组件的大小进行调整，让整个界面看起更加美观。

步骤 3：制作第 2 帧处的舞台元素，和第 1 帧的制作方法相同，这里只给出相关的信息，效果如图 10-21 所示。

步骤 4：设置第 1 帧处组件的属性。

（1）设置 "CheckBox" 组件的属性，效果如图 10-22 所示。

① 锁定除"组件层"以外的图层。

② 选中第 1 帧处的 "CheckBox" 组件。

③ 在【属性】面板设置【实例名称】为"jion_box"。

④ 在【属性】面板【组件参数】卷展栏中设置【label】为"当然是美女!"。

图 10-21　制作第 2 帧舞台上的元素

图 10-22　设置"CheckBox"组件的属性

（2）设置"ComboBox"组件的属性，效果如图 10-23 所示。

① 选中"ComboBox"组件。

② 在【属性】面板设置【实例名称】为"like_type"。

③ 在【属性】面板【组件参数】卷展栏中的【dataProvider】后单击 ✎ 按钮，弹出【值】对话框。

④ 在【值】对话框中设置各个参数值。

（3）设置"Button"组件的属性，效果如图 10-24 所示。

① 选中第 1 帧处的"Button"组件。

② 在【属性】面板设置【实例名称】为"submit_btn"。

③ 在【属性】面板【组件参数】卷展栏中设置【label】为"提交"。

图 10-23 设置"ComboBox"组件的属性

图 10-24 设置"Button"组件的属性

（4）设置"TextInput"组件的属性，效果如图 10-25 所示。

① 选中第 1 帧"姓名:"处的"TextInput"组件。

② 在【属性】面板设置【实例名称】为"name01"。

③ 选中第 1 帧"邮箱:"处的"TextInput"组件。

④ 在【属性】面板设置【实例名称】为"e_mail01"。

图 10-25 设置"TextInput"组件的属性

（5）在第 2 帧处设置组件的【实例名称】，如图 10-26 所示。

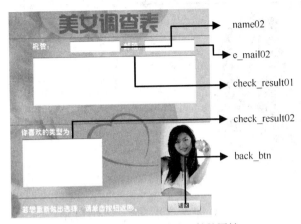

图 10-26　设置第 2 帧处组件的属性

步骤 5：编写脚本。

（1）在第 1 帧处添加脚本。

① 选中"AS"图层的第 1 帧。

② 按 键打开【动作-帧】面板。

③ 在【动作-帧】面板输入以下脚本。

```
stop();
var jion_results;
var yname;
var ye_mail;
var a=1;
var mylabel=0;
if (a==0) {
jion_box.selected=false;
name01.text="";
e_mail01.text="";
}//定义重置函数;
submit_btn.addEventListener(MouseEvent.CLICK,sClick);
function sClick(Event:MouseEvent) {
jion_results=jion_box.selected;
yname=name01.text;
ye_mail=e_mail01.text;
this.gotoAndStop(2);
a=1;
}//定义提交按钮影响函数;
like_type.addEventListener(Event.CHANGE, changeHandler);
function changeHandler(event:Event):void {
mylabel=like_type.selectedIndex;
}//定义 "Combobox" 的改变函数;
```

（2）在第 2 帧处添加脚本。

① 选中"AS"图层的第 2 帧。

② 按 键打开【动作-帧】面板。

③ 在【动作-帧】面板输入以下脚本。

```
stop();
name02.text=yname;//提取用户填写的名字信息;
e_mail02.text=ye_mail;//提取用户填写的邮箱信息;
if (jion_results==true) {
check_result01.text="恭喜您,您已经进行了评价,获奖消息将在本月末公布。感谢您对我们的支持,希望您
身体健康,生活愉快。";
} else {
check_result01.text="您没有进行评价。";
}//由从"jion_results"中提取的值来定义"check_result01"中的显示信息;
if (mylabel==0) {
check_result02.text="古典美女";
} else if (mylabel==1) {
check_result02.text="时尚美女";
} else if (mylabel==2) {
check_result02.text="娴静美女";
} else {
check_result02.text="性感美女";
}//由从"ComboBox"中提取的值来定义"check_result02"中的显示信息;
back_btn.addEventListener(MouseEvent.CLICK,sClear);
function sClear(Event:MouseEvent) {
a=0;
this.gotoAndStop(1);
}//定义返回按钮的函数;
```

（在素材文件"素材\第 10 章\美女调查表\控制代码.txt"中提供本案例所需全部代码。）

步骤 6：按 Ctrl + s 组合键保存影片文件,案例制作完成。

## 10.2　媒体播放器组件

使用媒体播放器组件可以快速地制作出 flv 视频格式的播放器,故目前网络上很多视频网站都是采用媒体播放器组件来制作播放器。

### 10.2.1　认识视频播放器组件

#### 1．认识 FLVPlayback 2.5 组件重要参数

对播放器组件的操作也是通过对其参数的控制来实现的。其中 FLVPlayback 2.5 组件是最重要的视频播放器组件,其他媒体控制组件都是基于该组件的。

从【组件】面板中拖入【FLVPlayback 2.5】组件到舞台,在【属性】面板中即可查看其所有参数,如图 10-27 所示。

图 10-27　FLVPlayback 2.5 参数

其中较为重要参数如表 10-1 所示。

表 10-1　　　　　　　　　　　　　【FLVPlayback 2.5】组件重要参数

| 参数 | 作用 |
|---|---|
| skin | 控制 FLVPlayback 2.5 组件的界面和控件 |
| source | 指定 FLVPlayback 2.5 组件播放视频文件的地址 |
| volume | 控制 FLVPlayback 2.5 组件播放时的声音 |
| skinAutohide | 播放视频时自动隐藏 FLVPlayback 2.5 组件的播放控件 |

## 2. 创建【FLVPlayback 2.5】组件——制作"网络视频播放器"

本案例将使用【FLVPlayback 2.5】组件和部分用户接口组件来制作一个"网络视频播放器"，通过输入有效的 flv 视频的地址，单击播放按钮来加载并播放该影片，其操作思路及效果如图 10-28 所示。

放入组件设置实例名称

在第 1 帧输入控制代码

最终测试效果

图 10-28　操作思路及效果图

**【操作步骤】**

步骤 1：新建文档。

（1）运行 Flash CS5。

（2）新建一个 Flash 文档。

（3）设置【文档属性】如图 10-29 所示。

步骤 2：放置组件。

（1）放入 FLVPlayback 2.5 组件，效果如图 10-30 所示。

① 按 [Ctrl]+[F7] 组合键打开【组件】窗口。

② 从【Video】卷展栏中将【FLVPlayback 2.5】组件拖入舞台。

③ 在【属性】面板设置其位置、大小和实例名称。

图 10-29　设置文档属性

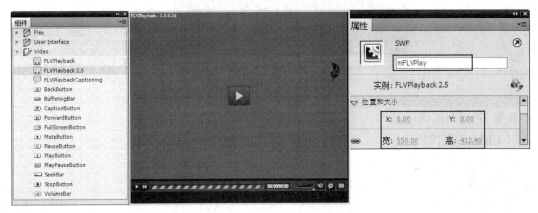

图 10-30　放入 FLVPlayback 2.5 组件

（2）放入 TextInput 组件，效果如图 10-31 所示。

① 从【User Interface】卷展栏中将【TextInput】组件拖入舞台。

② 在【属性】面板设置其位置、大小和实例名称。

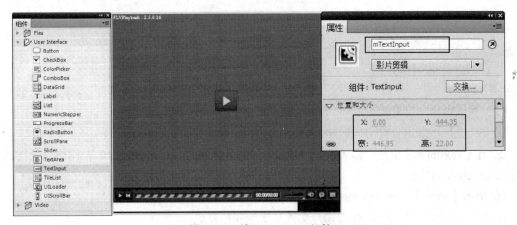

图 10-31　放入 TextInput 组件

（3）放入 Button 组件，效果如图 10-32 所示。

① 从【User Interface】卷展栏中将【Button】组件拖入舞台。

② 在【属性】面板设置其位置、大小和实例名称。

③ 在【组件参数】卷展栏中设置【label】为"显示"。

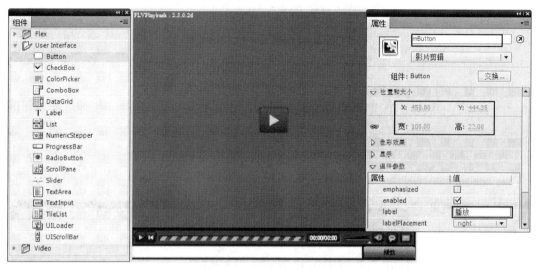

图 10-32　放入 Button 组件

步骤 3：书写代码。

（1）输入控制代码。

① 选中"图层 1"的第 1 帧。

② 按 F9 键打开【动作-帧】面板。

③ 输入以下代码：

```
//为按钮添加单击事件
mButton.addEventListener(MouseEvent.CLICK, fl_MouseClickHandler);
//创建单击事件响应函数
function fl_MouseClickHandler(event:MouseEvent):void
{
//舞台上 mFLVPlayback 组件的显示路径为 TextInput 组件的内容。
mFLVPlayback.source = mTextInput.text;
    mFLVPlayback.play();
}
```

（2）测试影片，效果如图 10-33 所示。

① 按 Ctrl + Enter 组合键测试影片。

② 在【TextInput】组件中输入视频的地址（可输入素材文件"素材\第 10 章\网络视频播放器\素材\汽车.flv"的地址）。

③ 单击【播放】按钮 FLVPlayback 2.5 组件即可加载并播放该影片。

步骤 4：按 Ctrl + S 组合键保存影片文件，案例制作完成。

图 10-33　测试影片

## 10.2.2　使用视频播放器组件——制作"带字幕的视频播放器"

使用 Flash 提供的播放器模板虽然能够满足一定的使用要求，但是其涉及的播放控制按钮不能随意地调整。在本案例中，将使用【Video】卷展栏中的播放控制组件来创建一个带字幕的视频播放器，其设计思路及效果如图 10-34 所示。

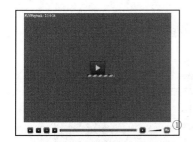

拖入组件

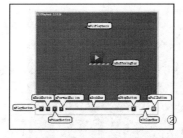

设置组件的实例名称

输入控制代码

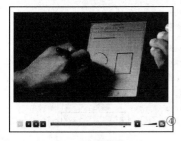

无字幕效果

添加字幕代码

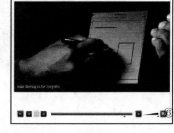

带字幕效果

图 10-34　操作思路及效果图

【操作步骤】

步骤 1：组件布局设计。

（1）运行 Flash CS5。

（2）新建一个 Flash 文档。

（3）设置文档尺寸，如图 10-35 所示。

（4）新建图层操作，效果如图 10-36 所示。

① 连续单击 按钮新建两个图层。

② 重命名图层。

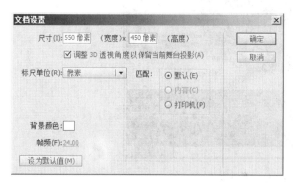

图 10-35　设置文档尺寸

图 10-36　新建图层操作

（5）放入 FLVPlayback2.5 组件，效果如图 10-37 所示。

① 单击选中"播放器组件"图层的第 1 帧。

② 将【Video】卷展栏中的【FLVPlayback 2.5】组件拖入舞台。

③ 在【属性】面板设置位置和大小。

④ 在【组件参数】卷展栏中设置【skin】参数为"无"。

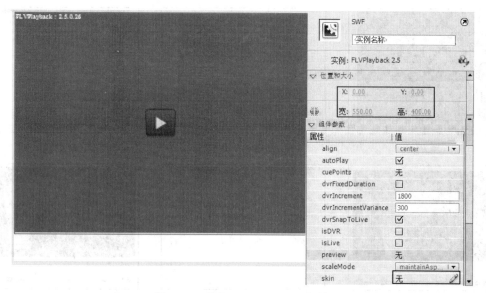

图 10-37　放入 FLVPlayback2.5 组件

（6）放置播放器控制组件，效果如图 10-38 所示。

① 单击选中"播放控制组件"图层的第 1 帧。

② 将【Video】中的"PlayButton"、"BackButton"、"PauseButton"、"ForwardButton"、"SeekBar"、"StopButton"、"VolumeBar"、 "FullScreenButton"、"BufferingBar"组件拖入舞台。

③ 调整各个播放器控制组件的位置。

（7）将【FLVPlaybackCaptioning】拖入【库】面板，如图 10-39 所示。

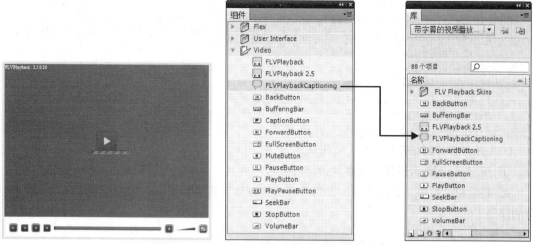

图 10-38　放置播放控制组件　　　　图 10-39　将【FLVPlaybackCaptioning】拖入【库】面板

步骤 2：编写后台程序。

（1）按照从上到下，从左至右的顺序依次设置舞台上组件的【实例名称】为"mFLVPlayback"、"mBufferingBar"、"mPlayButton"、"mBackButton"、"mPauseButton"、"mForwardButton"、"mSeekBar"、"mStopButton"、"mVolumeBar"、"mFullScreenButton"，如图 10-40 所示。

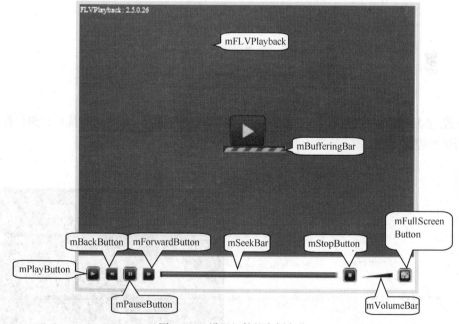

图 10-40　设置组件的实例名称

（2）选中"代码"图层的第 1 帧，按▣键打开【动作-帧】面板输入以下代码：

```
//引用字幕组件
import fl.video.FLVPlaybackCaptioning;
//将播放控制组件连接到播放器组件
```

```
mFLVPlayback.bufferingBar = mBufferingBar;
mFLVPlayback.playButton = mPlayButton;
mFLVPlayback.backButton = mBackButton;
mFLVPlayback.pauseButton = mPauseButton;
mFLVPlayback.forwardButton = mForwardButton;
mFLVPlayback.seekBar = mSeekBar;
mFLVPlayback.stopButton = mStopButton;
mFLVPlayback.volumeBar = mVolumeBar;
mFLVPlayback.fullScreenButton = mFullScreenButton;
//为播放器指定播放视频路径
mFLVPlayback.source = "视频2.flv";
```

（3）保存影片复制视频资料，效果如图 10-41 所示。

① 按 Ctrl + 9 组合键保存文档到指定目录。

② 将素材文件中"素材\第 10 章\带字幕的视频播放器\视频 2.flv"文件复制到本案例文档保存的路径下。

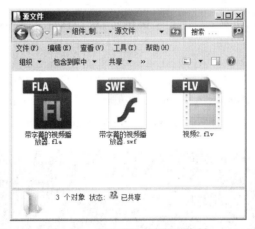

图 10-41　保存影片复制视频资料

（4）按 Ctrl + Enter 组合键测试影片得到如图 10-42 所示的效果。可以通过播放控制组件对视频播放进行各种控制操作。

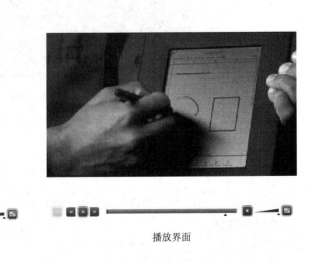

加载视频界面　　　　　　　　　　　　　　　　播放界面

图 10-42　测试影片

步骤 3：加入字幕效果。

（1）加入字幕的方法十分简单，首先需要在现有的程序后面加入以下程序：

```
//创建字幕实例
var my_FLVPlybkcap = new FLVPlaybackCaptioning();
//将字幕实例加载到舞台
addChild (my_FLVPlybkcap);
//指定字幕文件的路径
my_FLVPlybkcap.source = "字幕.xml";
//显示字幕
my_FLVPlybkcap.showCaptions = true;
```

 　　　素材文件"素材\第 10 章\带字幕的视频播放器\带字幕的视频播放器代码.txt"提供本案例涉及的所有代码。

（2）将素材文件中"素材\第 10 章\带字幕的视频播放器\字幕.xml"复制到本案例发布文件相同的路径下，如图 10-43 所示。

图 10-43　复制"字幕.xml"文件

（3）按 Ctrl + Enter 组合键测试影片得到如图 10-44 所示的带字幕效果。

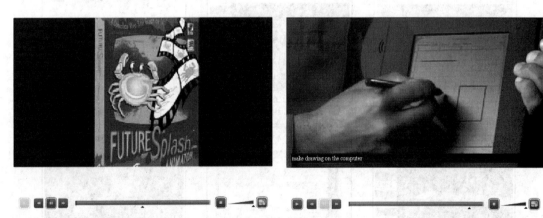

图 10-44　加入字幕效果

（4）按 Ctrl + S 组合键保存影片文件，案例制作完成。

**【知识链接】**

字幕内容以 XML 的形式存在，可分为以下几个部分。

（1）xml 的版本说明及其他相关说明。

```
<?xml version="1.0" encoding="UTF-8"?>
```

（2）主体部分。

所有的歌词和歌词样式都写在<tt></tt>之间。<head></head>之间定义歌词的文字对齐方式、文字的颜色、文字的大小等，<body></body>之间定义歌词的开始时间、结束时间、歌词的文字。

```
<tt                xml:lang="en"                xmlns="http://www.w3.org/2006/04/ttaf1"
xmlns:tts="http://www.w3.org/2006/04/ttaf1#styling">
    <head>
    <style id="1" tts:textAlign="right"/>
        <style id="2" tts:color="transparent"/>
        <style id="3" style="2" tts:backgroundColor="white"/>
        <style id="4" style="2 3" tts:fontSize="20"/>
    </head>
    <body>
     <div xml:lang="en">
  <p begin="00:00:06.42" dur="00:00:03.15">And the company was in dire straights at the
time.</p>
        <p begin="00:00:09.57" dur="00:00:01.45">We were a CD-ROM authoring company,</p>
    </div>
    </body>
</tt>
```

# 10.3 综合应用——制作"视频点播系统"

当视频在网络上传输时，如果文件太大，就会影响传输的速度。所以有时候需要将视频文件分割成小段来分别传输。在本案例中，将使用用户接口组件和视频播放器组件结合的方式来制作一款具有点播功能的视频播放器，来选择播放被分割成 5 段的视频。其操作思路及效果如图 10-45 所示效果。

放置组件到舞台

设置 TileList 组件参数

输入视频控制播放代码

效果1

输入自动播放代码

最终效果

图 10-45　操作思路及效果图

【操作步骤】

步骤 1：放置组件到舞台。

（1）运行 Flash CS5。

（2）新建一个 Flash 文档。

（3）设置文档属性，效果如图 10-46 所示。

① 设置文档【尺寸】为"650 像素 × 400 像素"。

② 设置【背景颜色】为"黑色"。

（4）新建两个图层，并重命名图层，最终效果如图 10-47 所示。

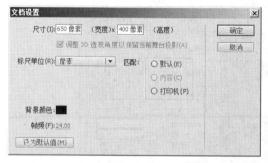

图 10-46  设置文档属性

图 10-47  新建图层

（5）放置"FLVPlayback 2.5"组件，效果如图 10-48 所示。

① 选中"播放器组件"图层的第 1 帧。

② 将【FLVPlayback 2.5】组件拖入舞台。

③ 在【属性】面板设置其大小和位置。

④ 设置组件的【实例名称】为"mFLVPlayback"。

⑤ 在【组件参数】卷展栏中设置播放器组件的【skin】参数为"SkinUnderAllNoCaption.swf"。

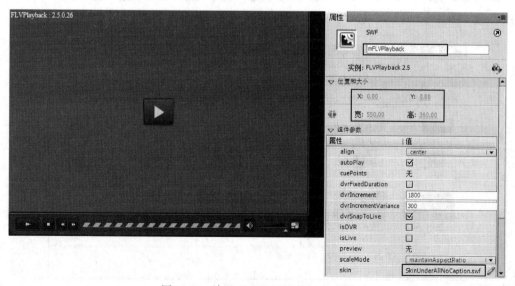

图 10-48  放置"FLVPlayback 2.5"组件

（6）放置"TileList"组件，效果如图 10-49 所示。

① 选中"用户接口组件"图层的第 1 帧。

② 将【TileList】组件拖入舞台中。

③ 在【属性】面板设置其大小和位置。

④ 设置组件的【实例名称】为"mTileList"。

⑤ 在【组件参数】卷展栏中设置【columnCount】为"1"、【columnWidth】为"100"【rowHeight】为"80"。

图 10-49　放置"TileList"组件

步骤 2：添加组件连接。

（1）保存文件复制素材，效果如图 10-50 所示。

① 按 Ctrl + S 组合键保存文档。

② 将素材文件"素材\第 10 章\视频点播系统"中的"视频 1.flv"至"视频 5.flv"和"图片 1.JPG"至"图片 5.JPG"复制到与本案例源文件相同的目录下。

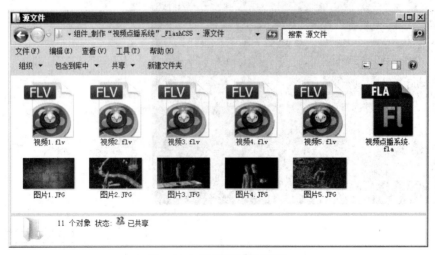

图 10-50　保存文件复制素材

（2）设置 TileList 组件参数，效果如图 10-51 所示。

① 选中舞台中的"TileList"组件。

② 在【属性】面板【组件参数】卷展栏中，单击【dataProvider】项右边的 ✐ 按钮，打开【值】面板。

③ 连续单击 5 次 ➕ 按钮，添加 5 个值。

④ 依次修改"label0~label4"的【label】项为"视频 1.flv"、"视频 2.flv"、"视频 3.flv"、"视频 4.flv"和"视频 5.flv"，依次填写【source】项为"图片 1.jpg"、"图片 2.jpg"、"图片 3.jpg"、"图片 4.jpg"和"图片 5.jpg"。

⑤ 单击 确定 按钮完成【值】创建。

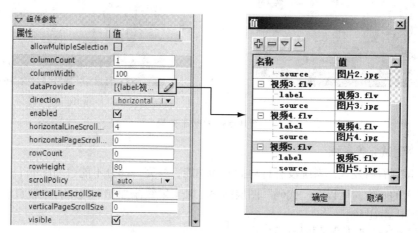

图 10-51　设置 TileList 组件参数

（3）按 Ctrl + Enter 组合键测试影片即可看到如图 10-52 所示的效果，此时的"TileList"组件已经显示出视频的预览图。

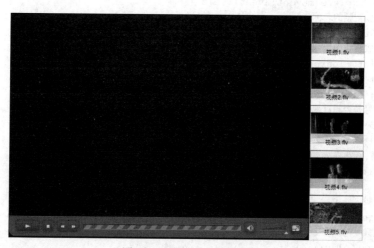

图 10-52　视频片段预览图

步骤 3：编写后台程序。

（1）在"代码"图层的第 1 帧上添加如下代码：

```
//为"TileList"组件添加事件
mTileList.addEventListener(Event.CHANGE,onChange);
//定义事件函数
```

```
function onChange(mEvent:Event):void {
// "PLVplayback"组件加载电影片段
mFLVPlayback.load(mEvent.target.selectedItem.label);
//播放视频片段
mFLVPlayback.play();
}
```

（2）按 Ctrl + Enter 组合键测试影片，单击右边的 TileList 组件项即可观看相应的视频片段，如图 10-53 所示。

普通模式　　　　　　　　　　　　　　　　　　全屏模式

图 10-53　播放器效果

步骤 4：测试完善系统。

（1）测试观看后发现，系统没有自动播放的功能，看完一部分不能自动读取下一部分，这给用户带来极大的不便。所以在"代码"图层的第 1 帧上继续添加如下代码，设置自动播放功能。

```
//开始就默认播放视频 1
mFLVPlayback.load("视频1.flv");
mFLVPlayback.play();
//为播放器组件添加视频播放完毕事件
mFLVPlayback.addEventListener(Event.COMPLETE,onComplete);
//定义视频播放完毕事件的相应函数
function onComplete(mEvent:Event):void {
//获取当前播放视频的名称
var pdStr:String = mEvent.target.source;
//提取当前播放视频的编号
var pdNum:int = parseInt(pdStr.charAt(2));
//创建一个临时数，用来存储当前视频的编号
var oldNum:int = pdNum;
//判断当前编号是否超过视频总数，如果超过编号等于1，如果没有超过就加1
if (pdNum<5) {
    pdNum++;
} else {
    pdNum=1;
}
//加载下一视频
mEvent.target.load(pdStr.replace(oldNum.toString(),pdNum.toString()));
//播放视频视频
mEvent.target.play();
}
```

素材文件"素材\第 10 章\视频点播系统\\视频点播系统代码.txt"提供本案例中涉及的所有代码。

此时的系统还有一个美中不足就是当全屏播放的时候，播放控制器不能自动的隐藏，从而影响视觉效果。接下来处理这个问题。

（2）完善"FLVPlayback"组件功能，效果如图 10-54 所示。

① 选中舞台上的"FLVPlayback"组件。

② 在【属性】面板的【组件参数】卷展栏中勾选【SkinAutoHide】项。

图 10-54　完善"FLVPlayback"组件功能

步骤 5：按【Ctrl】+【S】组合键保存影片文件，案例制作完成。

**【知识拓展】——使用代码创建组件**

使用代码创建组件对于初学者来说显得比较复杂，但是对于熟悉 AS3.0 代码的用户来说，确实十分简单。同时在一些特定的情况下使用代码创建组件更加快捷：例如在创建一些具有相同属性的组件时。接下来学习使用代码创建组件的一般办法。

**【操作步骤】**

步骤 1：用代码创建单个按钮。

（1）运行 Flash CS5。

（2）新建一个 Flash 文档。

（3）将【Button】组件拖入【库】面板，如图 10-55 所示。

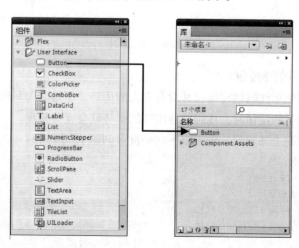

图 10-55　代码创建单个按钮

（4）输入代码。

① 选中默认"图层 1"的第 1 帧。

② 按 键打开【动作-帧】面板。

③ 输入以下代码：

```
//导入 Button 组件的外部库
import fl.controls.Button;
//创建一个实例名称为 mButton 的 Button 组件对象；
var mButton:Button = new Button();
//将新建的 mButton 对象添加到舞台
addChild(mButton);
//修改 mButton 对象的 label 参数，即按钮上显示的文字
mButton.label = "代码创建的按钮";
//设置 mButton 对象的 x 位置
mButton.x=20;
//设置 mButton 对象的 x 位置
mButton.y=20;
```

 素材文件中"素材\第 10 章\使用代码创建组件\代码创建单个按钮.txt"提供此处代码。

（5）按 Ctrl + Enter 组合键测试影片得到如图 10-56 所示的效果。

图 10-56  测试影片

步骤 2：用代码批量创建按钮。

（1）如果用户认为使用代码创建按钮并没有太大的优势，那是因为只用代码创建了单个的按钮。当使用代码创建批量的按钮时，代码创建组件的优势就会充分显现。

（2）将之前输入代码全部删除，输入以下代码批量创建 12 个按钮：

```
//导入 Button 组件的外部库
import fl.controls.Button;
//创建数组，用于存储按钮变量
var mButton:Array = new Array(12);
//定义一个变量，用于存储要创建按钮的数量
var i:int;
//使用 for 语句循环创建按钮元件
for (i = 0; i<12; i++)
{
//新建按钮，并将按钮存储在数组的单个元素中
```

```
mButton[i] = new Button();
//将按钮添加到舞台
addChild(mButton[i]);
//修改按钮的显示文字
mButton[i].label = "代码创建按钮"+(i+1);
//修改按钮在舞台上的 x 位置
mButton[i].x = 30 + i * 30;
//修改按钮在舞台上的 y 位置
mButton[i].y = 30 + i * 30;
}
```

素材文件中"素材\第 10 章\使用代码创建组件\代码创建批量按钮.txt"提供此处代码。

（3）按 Ctrl + Enter 组合键测试影片得到如图 10-57 所示的效果。

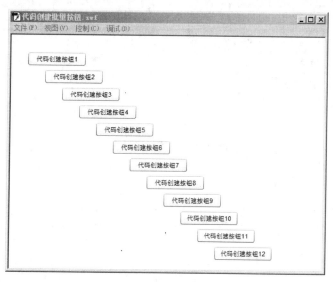

图 10-57　测试影片

通过以上的操作相信用户对使用代码创建组件有了新的认识，一般来说，如果需要重复性的操作去创建组件时，可以考虑使用代码创建的方式，这样可以节省大量的时间。创建其他组件的方法和创建按钮组件的方法相同。

# 小　　结

组件作为 Flash 的一个组成部分，有其特殊的意义。它既对 Flash 软件本身的完整性起着重要作用，同时也为用户开发提供了便利。通过组件，可以在非常短的时间内完成一些类似应用程序开发，特别是制作播放器方面开发的工作，所以为许多大型网站所采用。

本章以先讲原理再以实例分析的方法为读者由浅入深地讲解了 Flash 组件的核心知识，但要完全掌握这门工具，还需要平时多多练习，才能将其运用自如，为开发锦上添花。

# 思考与练习

1. 思考如何使用代码来控制组件?
2. 思考组件可以方便在哪些方面进行开发?
3. 请以本章的讲解作为突破口，将本章没有涉及的组件运用起来。
4. 请使用代码创建所有组件，并用代码对其属性进行控制。
5. 使用【用户接口代码】制作一个单页面的个人性格测试问答题，如图 10-58 所示（在素材文件中 "素材\第 10 章\个人性格测试" 文件夹中提供本题目所需素材）。

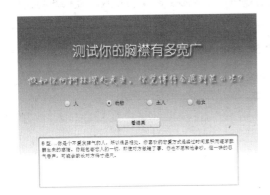 

图 10-58　个人性格测试